ナツメ社
る気ぐんぐん
シリーズ
理科がどんどん好きになる!
オールカラー
楽しくわかる!
地球と天体
小川理科研究所 主宰
小川 眞士 監修
ナツメ社

はじめに

地球と天体のひみつを学ぼう

2000億個の星の集まりの銀河系にある太陽系の中の、太陽から数えて3番目の惑星の地球で生活しているみなさん。みなさんは地球人であり宇宙人でもあります。そんなの本当？と思ったら、この本をぜひ読んでみて下さい。この宇宙や地球にはたくさんのひみつがあります。

夜空を見上げると、太陽系や銀河系の星達が見えますね。地球の兄弟の金星や火星、満ち欠けする月。天の川や星座をつくる太陽の仲間の星達……。遠い宇宙にはどんなひみつが隠されているのでしょう。

太陽が出ている昼間に空を見上げると、空の様子が刻々と移り変わります。晴れの日、曇りの日、雨が続く日、台風の日。雨が降ると地下水や川となって、いろいろな地形をつくり海に流れます。気象のひみつを学ぶと、みなさんの実生活でもきっと役立つでしょう。

私たちが立っている地球の表面は、十数枚のプレートでおおわれていて、その上に太平洋や日本列島があります。日本列島は4つのプレートがぶつかる部分の上にあるので、地球の陸地の約0.27％の日本列島に世界の約7％の火山があり、地震が起こります。大地には、過去の歴史や現在も変化し続けている地球のひみつがたくさん隠されています。

さあ、この本を通して、地球や宇宙のいろいろなひみつを楽しく解き明かしていきましょう。漫画を手がかりに、気になるテーマのページから読んでみてもいいですね。ページを開く小さな一歩が、みなさんの学習の大きな飛躍への出発点になることでしょう。

小川理科研究所　主宰　小川眞士

もくじ

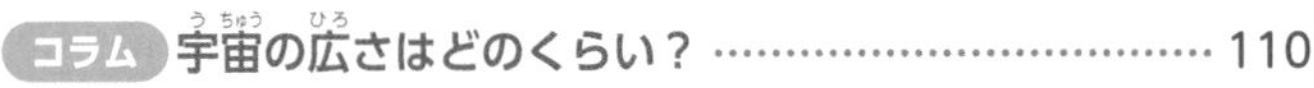

この本の使い方

各章のテーマです。

2見開きで紹介する内容です。

1章　太陽系

月のすがたと満ち欠け

月は、どうして見える形や時刻が変わるのかな。
月の見える形の変化とその理由について見ていこう。

月のすがた

月は地球のまわりを回る衛星で、太陽の光を反射して光っています。

太陽の光が当たり、光って見える部分。

太陽の光が当たらず、見えない部分。

月のデータ

形……球形
直径…約3500km
地球からのきょり
(太陽とのきょりの

表面のようす…岩
い
表面温度…昼は約
夜は約

月　地球

クレーター

月の表面にある、ま
いん石などがぶつか
られています。

クレーター

海

月の表面の黒っぽく
黒っぽい岩石でおお
形になっています。
ありません。

24　クイズ2の答え　①　数十m～数百mで、とてもうすい。

クイズ3　月の

前のページのクイズの答えです。

各章のテーマに合わせたクイズです。全部で71問あります。

月の満

月は、新月

新月

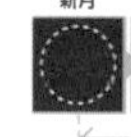

26　クイ

おさらい問題
自由研究(チャレンジ!)
コラムもいっぱい!

それぞれの章の最後にのっているよ!

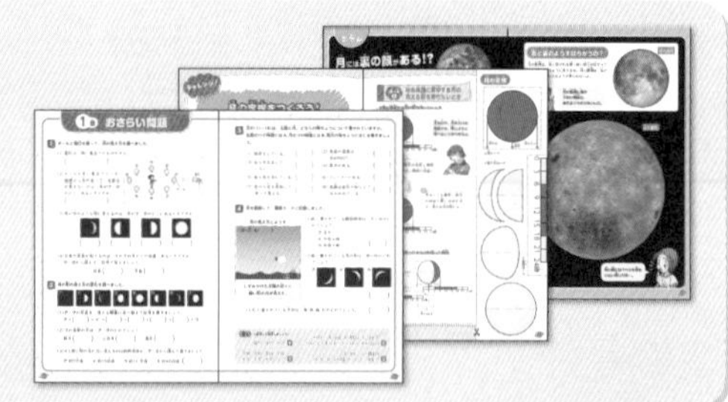

見開きの内容に合わせたマンガです。
地球と天体のことが楽しく学べます。

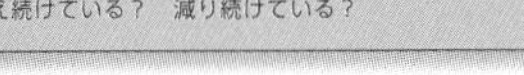

期

約29.5日周期で見える形が変わります。

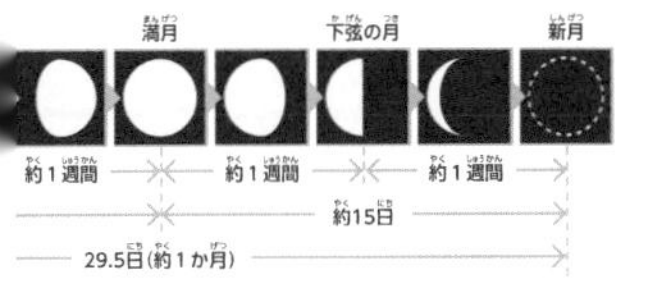

ん石がぶつかるなどして、今も増え続けている。

巻末ふろく 星座早見表つき!

3章の内容を
確認しながら実際に
使ってみよう!

図や写真をたくさん使って
分かりやすく解説しています。

確認しておきたい
内容を紹介しています。

まめちしきを紹介
しています。

確認しよう

月の見え方を調べる実験

ボールを月に、電灯を太陽に見立てると、月の見え方を確かめることができます。

ボール→月
電灯→太陽
観察者→地球

月の公転周期と自転周期

月は、自転周期と公転周期が等しいので、いつも地球に同じ面を向けています。

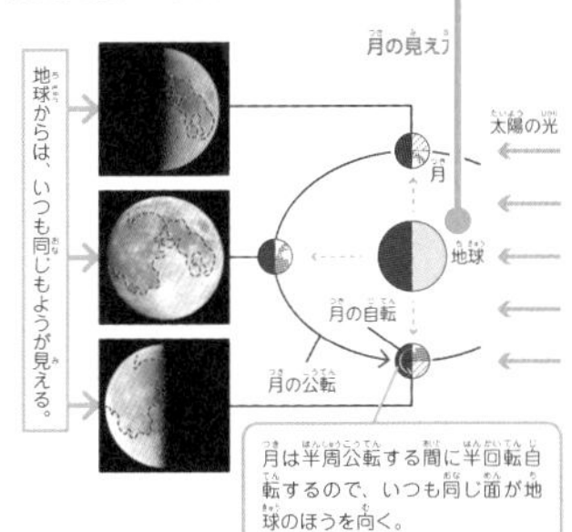

月は半周公転する間に半回転自転するので、いつも同じ面が地球のほうを向く。

まめちしき

月の満ち欠けの周期と公転の周期のちがい

月の公転周期は27.3日で、新月から次の新月までの29.5日より短いよ。これは、月が地球を1周する間に地球も公転して、太陽の方向が変わってしまうからなんだ。

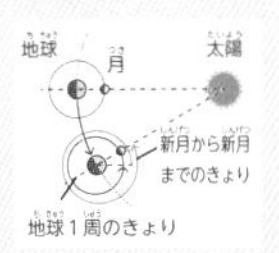

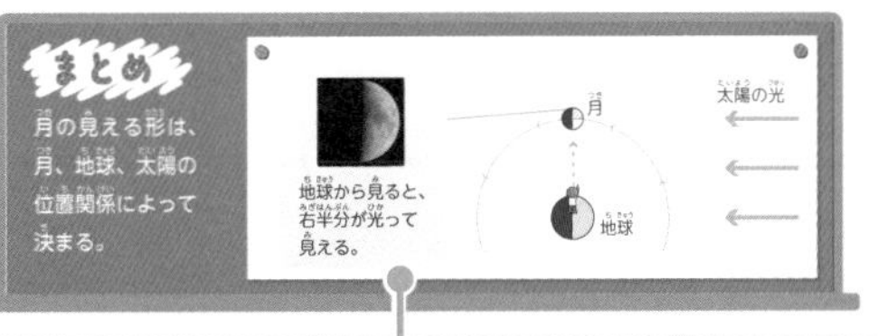

クイズ4 月が地球に近づきつつあるって、本当？ 27

学習内容のまとめです。
要点がひと目で分かります。

自然(しぜん)って サイコー！
ステキ！
山(やま)も空(そら)も きれい!! 海(うみ)も見(み)えるよ
都会(とかい)っ子(こ)だけど自然大好(しぜんだいす)き 元気(げんき)な小(しょう)5 天童(てんどう) 環(たまき)
でもさ…ちょっと 休(やす)もうよ…
ハァ
そ… そうだね
ねっ宙(そら)くん！
物知(ものし)りでこわがり！ 虫(むし)が超苦手(ちょうにがて)な 環(たまき)の親友(しんゆう) 大山(おおやま) 宙(そら)
ん？
ビィィ
なんか ジジくさいな
ふーっ
お茶(ちゃ) お茶(ちゃ)

ぎゃあああ～ぴゃ～
とんぼガバーッ!
なんだ元気じゃん
山でのお泊りサイコー!!
さ、行こう! 頂上の観測所まですぐだよ おじさんが待ってる
びっくりしたぁ～
今日はそこでお泊りだよ
ねぇ… 環ちゃんのおじさんってこわい?
こんなカンジ…
私が自然が好きっていったら招待してくれたんだ
やさしいよ!! 地球や宇宙のこと研究してて夏の間は山の観測所にいるんだって

大丈夫…天気もいいしゆっくり登っていこう！

あっ
モワ〜〜
わあああああっ
助けてーーっ
ドン
2人とも
大丈夫？

えええっ

おじさん!?
若い!!
じゃなくて!!
いま霧の中に
オバケがっ!

ああ

ああっ
おじさん!!

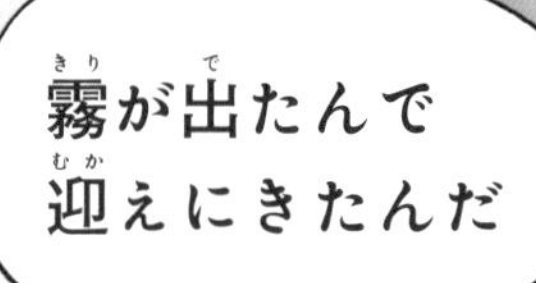

霧が出たんで
迎えにきたんだ

天童 広人 27才

環のおじさん
大学に残って宇宙や地球の
ことを研究中

あれはね
ブロッケン現象さ

いやいや、
ブロッケン現象ね
あれはオバケじゃ
なくてキミたちの
影が霧にうつった
だけなんだよ

ブロッコリーが
減少…!?

霧がスクリーンになっている

山では時々見られる現象で昔の人は妖怪のしわざって考えていたんだよ
へーっ
自分の影かあ
おもしろーい!
でしょ! 地球の自然や星などの天体はぼくたちに不思議なことやおもしろいものをいっぱい見せてくれる
キミたちにもいろいろ教えてあげよう!!
ようこそ山の観測所へ!!

私たちの地球

地球は太陽のまわりを回る8つの惑星のうち、
内側から3番目にあります。
地球は岩石でできていて、
表面の70%が海、30%が陸になっています。
そして、地球全体が大気におおわれています。
このような環境は、生命が生きることに適しており、
今のところ太陽系で生物が存在することが
分かっているたったひとつの天体です。
「地球と天体」のひみつを、ときあかしていきましょう。

海王星

これが地球かあ〜
青くてきれいだね！

ちょうちょが〜

そんなに虫が
こわいのに
なんで山に
ついてきた
のよ

だ…
大丈夫？

よし！　じゃあ
明日は２人の
見たいモノを
見つけに山を
探検しよう

そう!! よく知っているね!!
太陽のまわりを回っている惑星は
地球も入れて8個!!
惑星たちは自分では光らないけど
太陽の光を反射して光っているんだ

あんなにキレイなんだから金星におりたらきっとキレイな所なんだろうな〜
美しく光るので昔の人は金星のことを美の女神ヴィーナスと名づけたんだよ
わかる!!とってもキレイだもん
おほほっ
とんでもない!
金星の地表はものすごく熱い！
それは二酸化炭素の温室効果のためで
オーブンより熱い460℃くらいなんだ
金星は厚さ20kmの雲におおわれているから
太陽が見えなくて昼でも薄暗いし
台風より強い秒速100mの猛烈な
風がずーっとふいているんだよ!!
ゴゴゴゴ!!
研究大好きだから…
ヒロトさんも熱いね…
キャラちがう…

さらにおもしろいのは
金星の１日は１年よりも
長いっ!!
ババ
地球の1日……24時間
1年……365日
金星の1日……243日
1年……225日
ええっ!?
どういう
こと!??
つまりっ!!
太陽のまわりを１周する
公転より自分が１回転する自転の
ほうが時間がかかっちゃうワケ!!
自転
公転
わたし
のんびり
１回転
したいの❤
しかも
自転の向きが
みんなと
逆なのよ♬
ほかにも
水にうかぶほど
軽い土星とか
青い大気の冥王星、
300年以上
嵐がふき続けている
木星などが
あるのさ！
フッ
惑星って
おもしろーい！

太陽と惑星

私たちのすむ地球は、太陽のまわりを回る惑星だよ。
太陽と、そのまわりを回る星について見ていこう。

太陽系

太陽とそのまわりを回っている惑星や小さな星の集まりを太陽系といいます。

恒星

太陽のように、自ら光や熱を出して光っている星を恒星といいます。星座をつくる星はどれも恒星です。

すい星

太陽に近づくとあたためられ、ほうきのような「お」が現れる星。

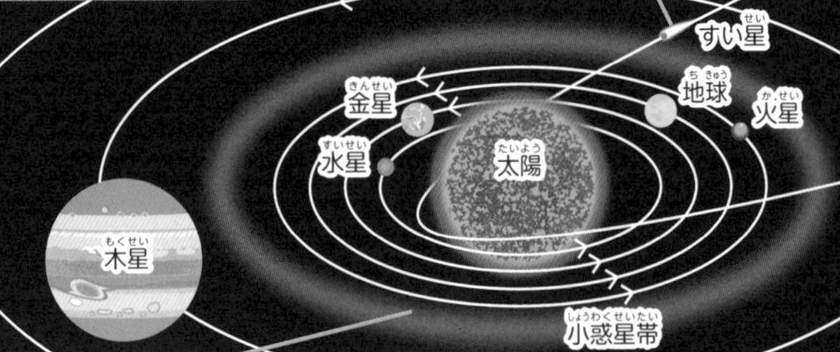

小惑星

太陽系にたくさんある小さい星。日本の探査機「はやぶさ」は小惑星イトカワを、「はやぶさ２」はリュウグウを調べた。

小惑星「リュウグウ」

太陽から惑星までのきょり比べ

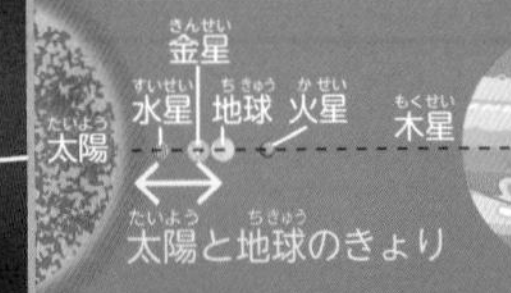

木星

太陽と地球のきょりの 10 倍

天王星

太陽と地球のきょりの 20 倍

太陽のまわりには、
いろいろな星が回って
いるんだね。

準惑星

めい王星のような、
惑星より小さく丸い星。

めい王星

海王星

天王星

惑星

太陽のまわりを回る星のうち、重さなどの条件を満たす８つの星を特に惑星といいます。太陽系の惑星は、水星、金星、地球、火星、木星、土星、天王星、海王星の８つ。自ら光を出さず、太陽の光を反射して光っています。

海王星

太陽と地球のきょりの 30 倍

公転

太陽と惑星

太陽とそのまわりを回る惑星は、それぞれ大きさや、星をつくる物質などがちがいます。

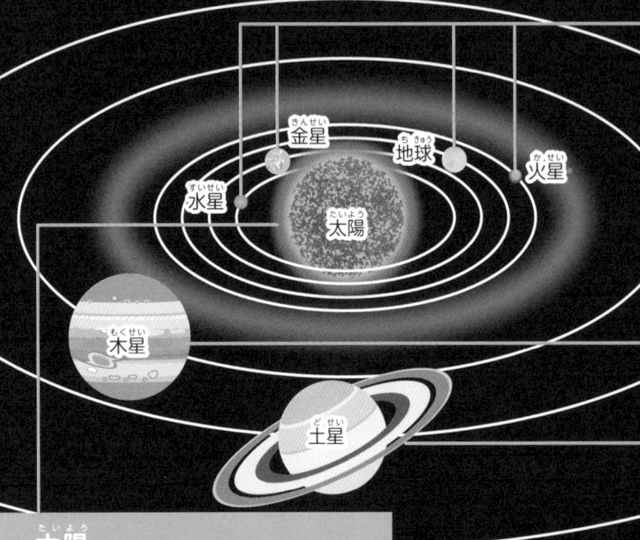

太陽

形……球形
直径…約140万 km（地球の約109倍）
地球からのきょり…約1億5000万 km
表面温度…約6000℃

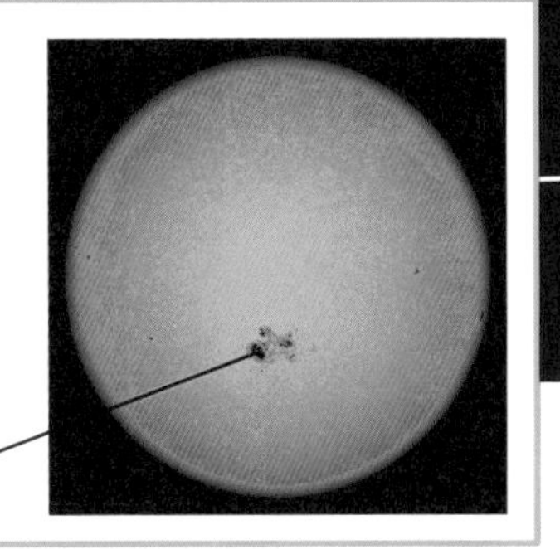

黒点：まわりより温度が低く、黒っぽく見える部分。

確認しよう

星の公転と自転

ある星が、他の星のまわりを回ることを公転といい、1回の公転にかかる期間を公転周期といいます。また、星がその星の中心を軸にして回ることを自転といい、1回の自転にかかる期間を自転周期といいます。

クイズ1の答え　②　約12km。太陽は直径109mの球になる。

岩石でできた惑星

水星

直径…地球の約0.4倍
公転周期…約3か月

表面にクレーターとよばれるくぼみがたくさんある。

金星

直径…地球とほぼ同じ
公転周期…約７か月

厚い雲におおわれていて、地表の温度が高く約460℃。

地球

直径…約1万3000km
公転周期…1年

液体の水があり、生命が確認されているただひとつの星。

火星

直径…地球の約半分
公転周期…約1年11か月

地表のようすが地球に似ていて、かつて水があった。

天王星

海王星

ガスでできた惑星

木星

直径…地球の約11倍
公転周期…約12年

地球2、3個くらいの大きさの嵐が300年以上続いている。

土星

直径…地球の約10倍
公転周期…約29年

氷のつぶでできている、大きく美しい環を持つ。

氷でできた惑星

天王星

直径…地球の約4倍
公転周期…約84年

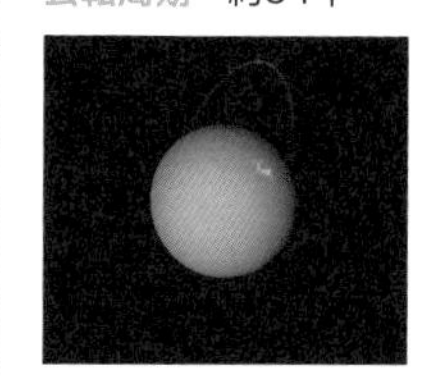

自転軸が横向きなので、昼と夜が42年ずつ続く。

海王星

直径…地球の約4倍
公転周期…約165年

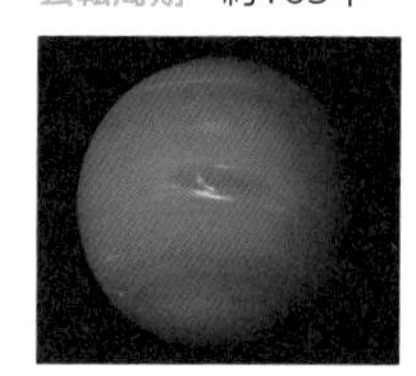

秒速400m の強い風がふいている。

太陽から遠いわく星ほど、公転周期が長いんだね。

- 太陽のまわりには、多くの惑星や、小さな星が回っている。
- 太陽は、自ら光や熱を出している。

クイズ2 土星の環の厚さはどのくらい？　①約100m　②約10km　③約1000km

月のすがたと満ち欠け

月は、どうして見える形や時刻が変わるのかな。
月の見える形の変化とその理由について見ていこう。

月のすがた

月は地球のまわりを回る衛星で、太陽の光を反射して光っています。

太陽の光が当たり、光って見える部分。

太陽の光が当たらず、見えない部分。

①　数十ｍ～数百ｍで、とてもうすい。

月のデータ

形……球形

直径…約3500km　（地球の約$\frac{1}{4}$）

地球からのきょり…約38万 km

（太陽とのきょりの約$\frac{1}{400}$）

表面のようす…岩石や砂でおおわれている。

表面温度…昼は約110℃

夜は約−170℃

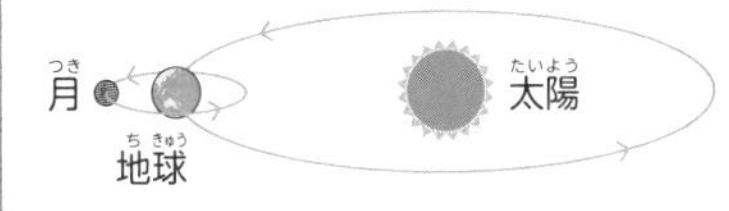

クレーター

月の表面にある、まるいくぼみ。いん石などがぶつかってできたと考えられています。

海

月の表面の黒っぽく見える部分。黒っぽい岩石でおおわれた、平らな地形になっています。地球のような水はありません。

月のうさぎ

クイズ3　月のクレーターの数は、増え続けている？　減り続けている？

月の満ち欠け

月の見える形は、地球から見て、太陽の光が当たっている部分がどのように見えるかによって決まります。月が地球のまわりを公転すると、月、地球、太陽の位置関係が変わり、月の見える形が変わります。

図の中心にある地球に立っているつもりで、本を回しながら月を見てみよう！

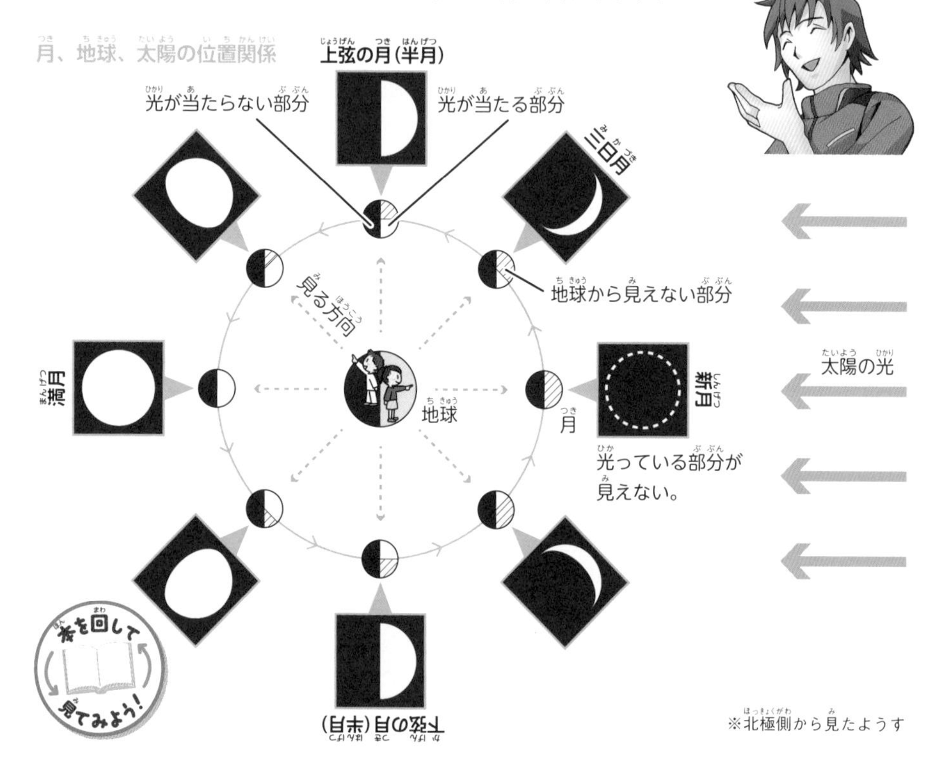

月の満ち欠けの周期

月は、新月から次の新月まで、約29.5日周期で見える形が変わります。

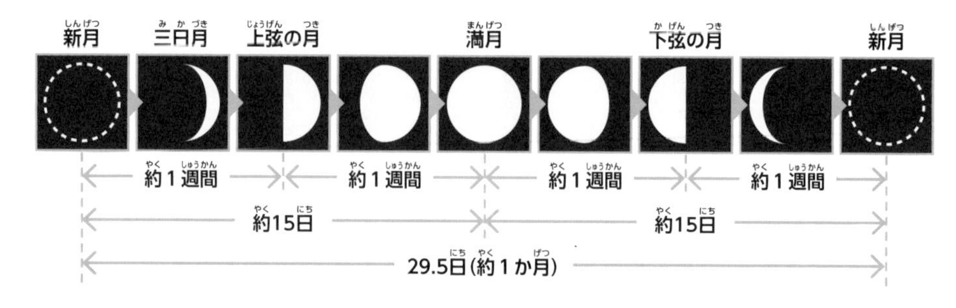

クイズ3の答え　いん石がぶつかるなどして、今も増え続けている。

確認しよう

月の見え方を調べる実験

ボールを月に、電灯を太陽に見立てると、月の見え方を確かめることができます。

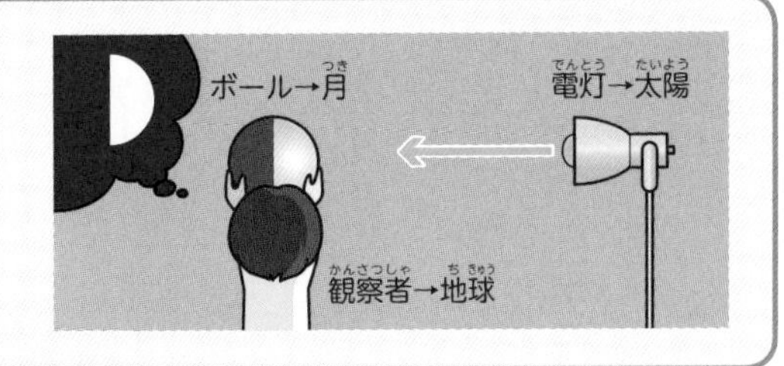

月の公転周期と自転周期

月は、自転周期と公転周期が等しいので、いつも地球に同じ面を向けています。

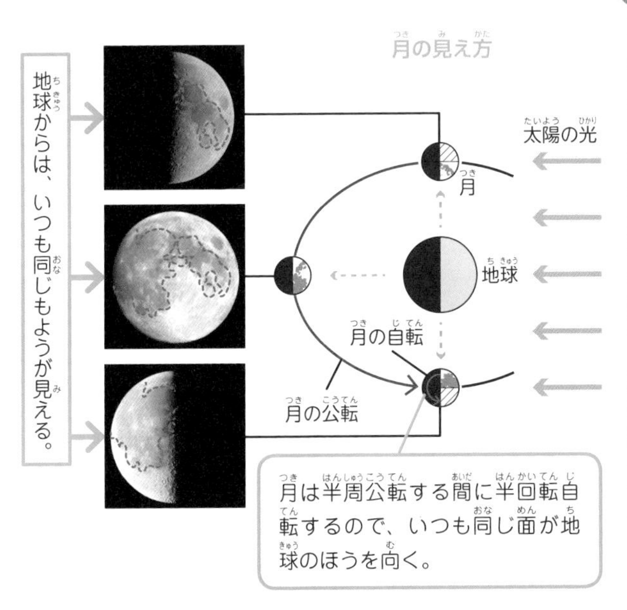

まめちしき

月の満ち欠けの周期と公転の周期のちがい

月の公転周期は27.3日で、新月から次の新月までの29.5日より短いよ。これは、月が地球を1周する間に地球も公転して、太陽の方向が変わってしまうからなんだ。

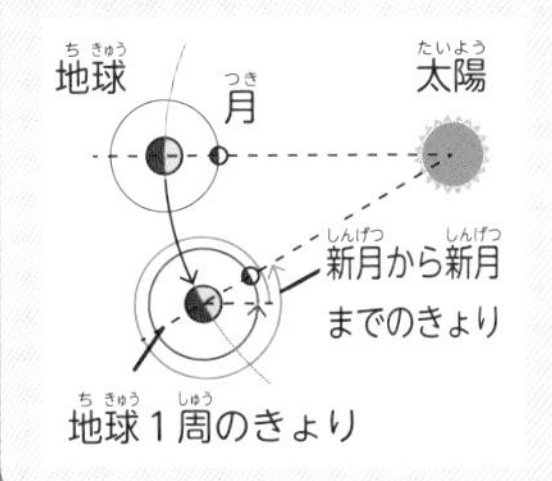

まとめ

月の見える形は、月、地球、太陽の位置関係によって決まる。

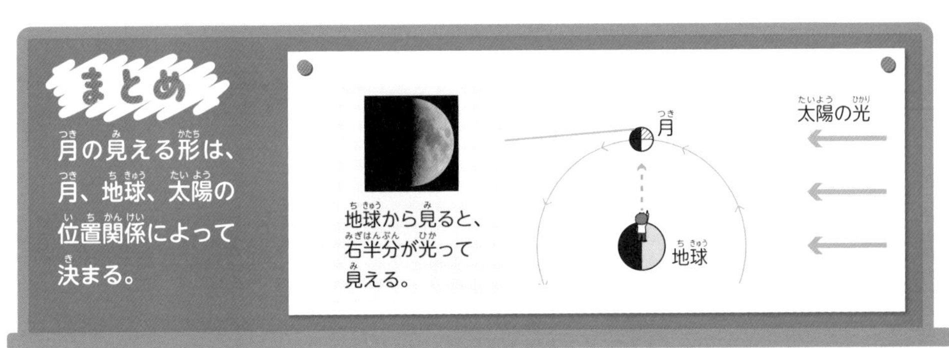

月の見え方と時刻

月は、夜だけでなく、昼に見えることもあるね。
月の見える方位と時刻の関係について見ていこう。

地球の1日と、満月の見え方

地球は1日に1回転しているので、地球に立っている人も、自転とともに動いています。
地球に立っている人の位置によって、月の見える方位や高さは変化します。

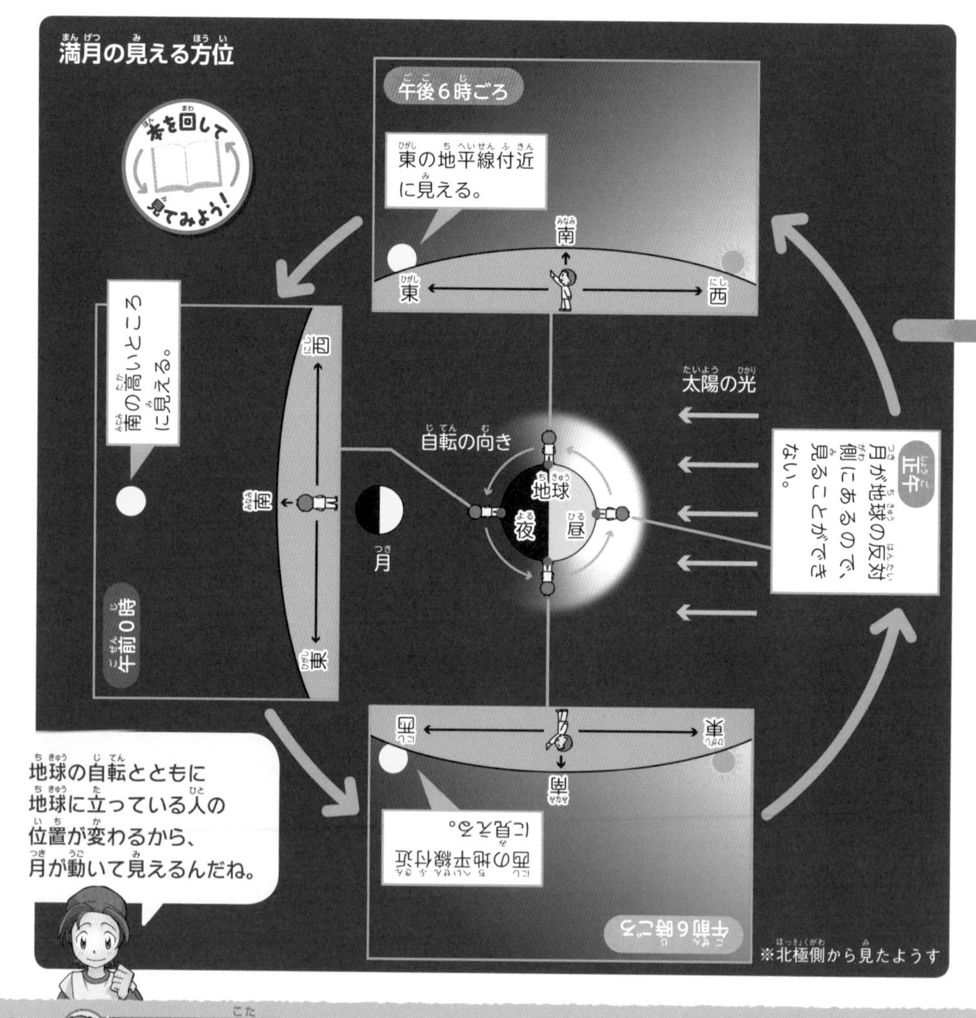

クイズ4の答え　うそ。1年に2～3cmずつ遠ざかっている。

まめちしき

地球の自転と方位

地球は東の方へ自転しているから、地球にいる人から見ると、地球が自転していく方向が東になります。

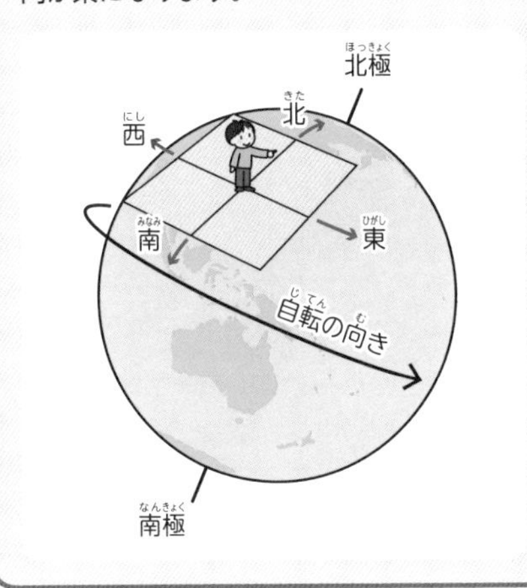

月の1日の動き

月は、東からのぼり、南の空を通って西にしずみます。

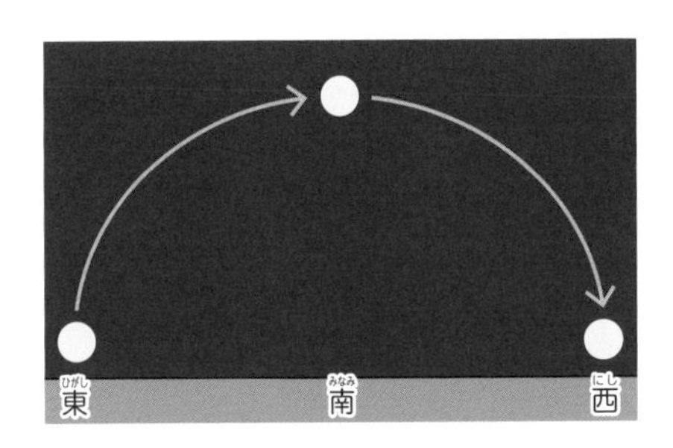

満月

月が見える方位と時刻

月は、見える形に関係なく東→南→西へと動きますが、月の位置が変わり、月の見える形が変わるにつれて、月の南中時刻はおそくなっていきます。

上弦の月の方位と時刻

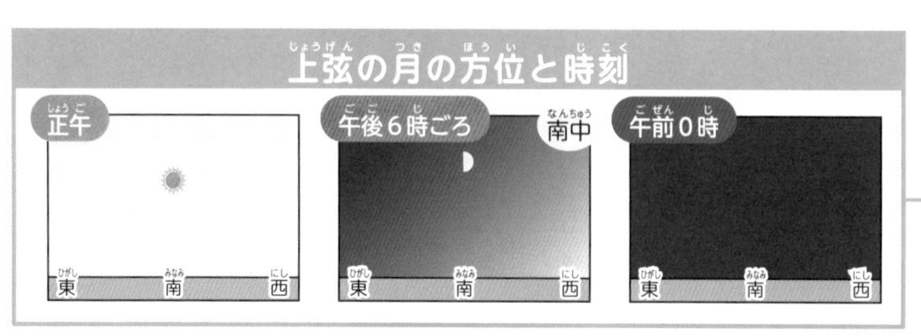

満月の方位と時刻

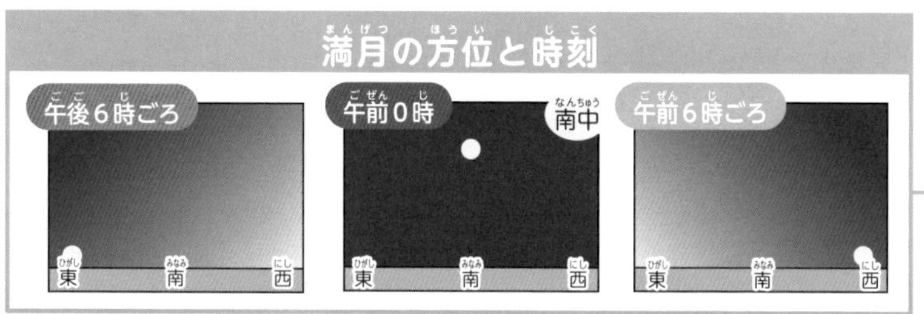

下弦の月の方位と時刻

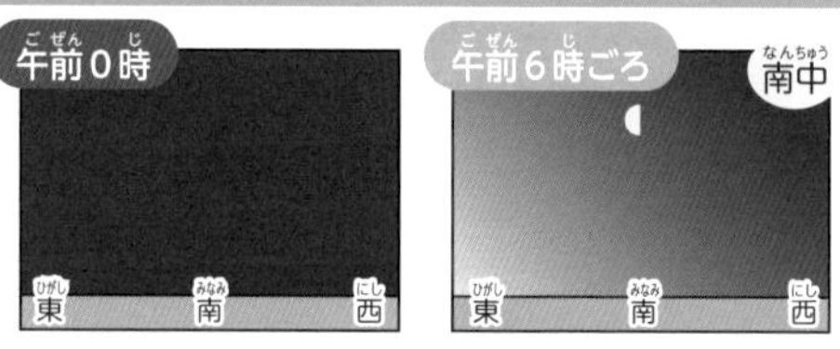

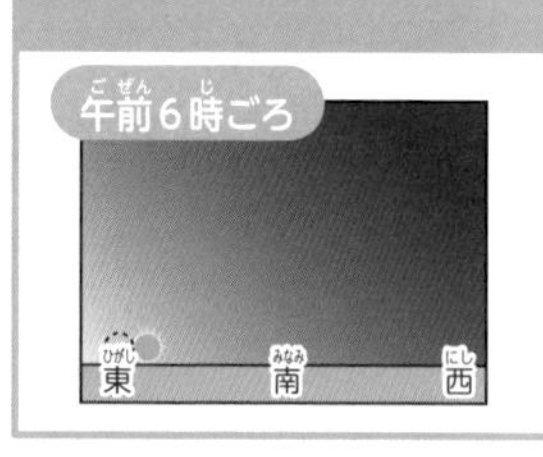

確認しよう

南中と南中時刻

太陽や月などの星がちょうど真南にくることを南中といいます。星が南中する時刻を南中時刻といいます。

まめちしき

月は東に日は西に…はどんな月？

与謝蕪村の「菜の花や月は東に日は西に」という俳句によまれた月は、どんな形に見える月かな。月と太陽の方位をヒントに考えてみよう。

※答えは右ページにあるよ。

クイズ5の答え　光が空気を通るきょりが長くなるから。夕焼けも同じ。

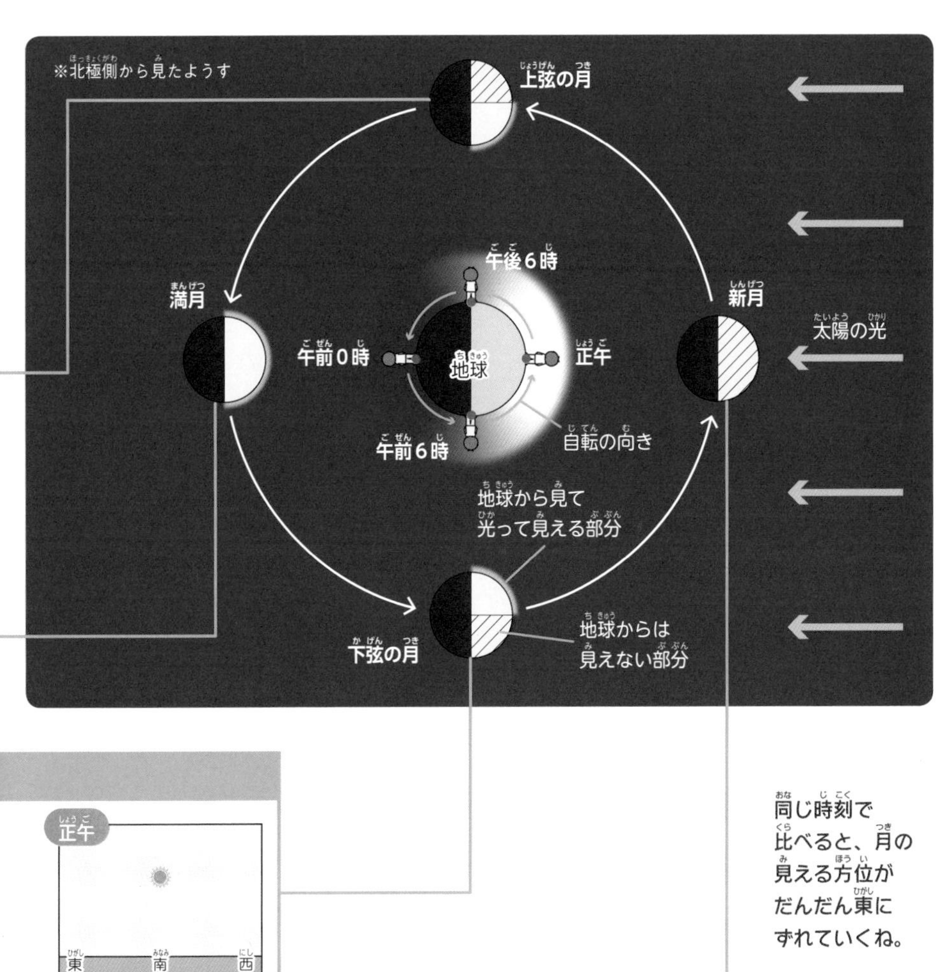

正午

東 南 西

同じ時刻で比べると、月の見える方位がだんだん東にずれていくね。

新月の方位と時刻

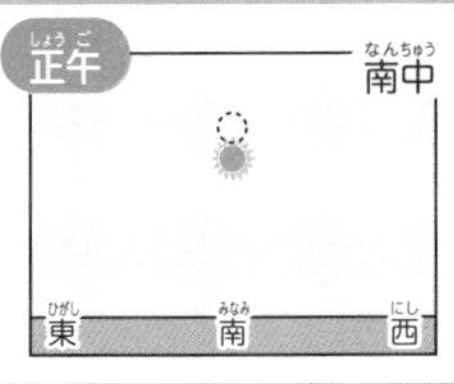

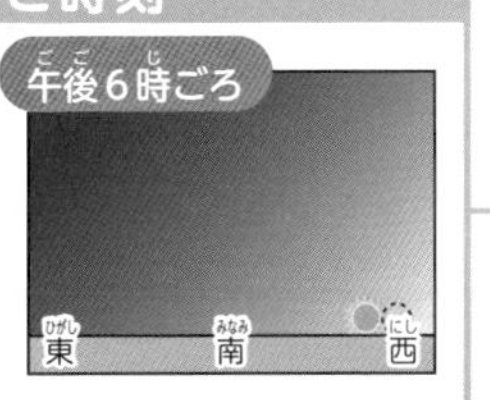

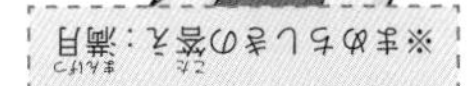

- 月は、東からのぼり、南の空を通って西にしずむ。
- 月の南中時刻は、上弦の月→満月→下弦の月……と月の形が変わるにつれ、だんだんおそくなっていく。

クイズ6 月の出る時刻は、毎日約何分ずつおそくなる？

金星と惑星の見え方

夕方や明け方にひときわ明るくかがやく星が、地球に最も近い惑星、金星だよ。惑星の見え方や変化について見ていこう。

金星

地球のすぐ内側を回っている金星は、月の次に明るく見えます。太陽に近い場所を回っているので、つねに太陽に近い方向に見え、真夜中には見ることができません。

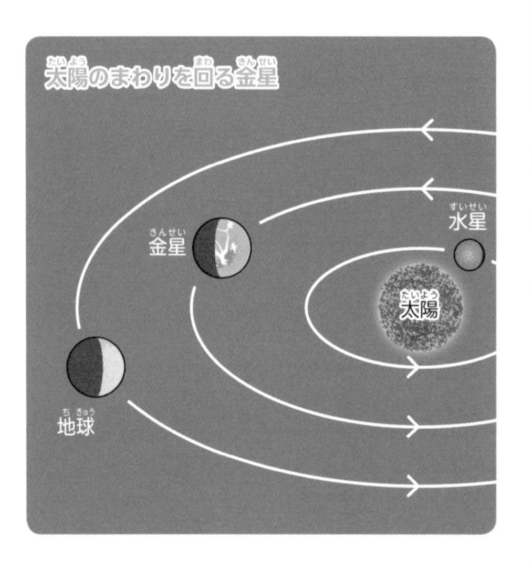

明けの明星

明け方、太陽がのぼる東の方向に見える金星を**明けの明星**といいます。

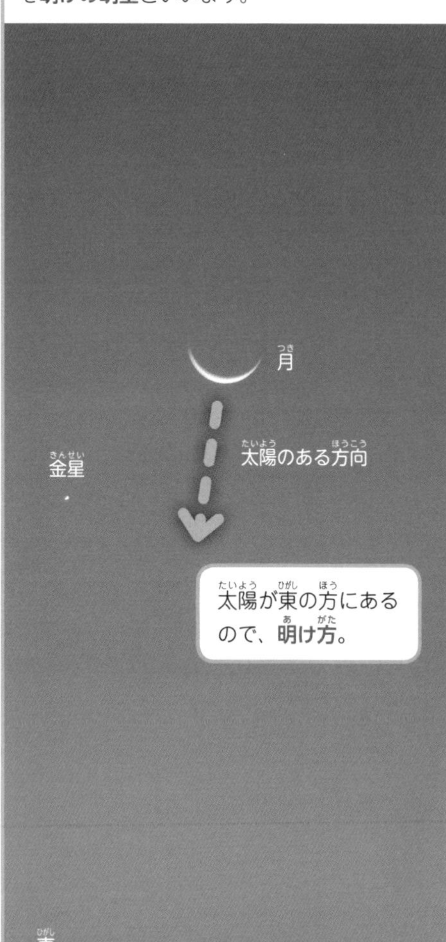

まめちしき

いちばんぼし

金星はとても明るいので、夕方、空が暗くなってくると真っ先にかがやいて見えるよ。だから、夕方に見える金星(よいの明星)のことを、「いちばんぼし」ともいうんだ。

クイズ6の答え　約1か月でもとにもどるので、1日約50分おそくなる。

太陽は月が光って
見える方向にあるよ。
月の形から、
これらの写真が
明け方か夕方かが
わかるね。

よいの明星

夕方、太陽がしずむ西の方向に見える金星を**よいの明星**といいます。

金星の化粧

クイズ7 太陽系の星は、どうしてみんな同じ向きに公転しているの？

金星の満ち欠け

地球より内側を回る金星は、太陽との位置関係によって光って見える部分の形が変わります。そのため、月と同じように満ち欠けして見えます。

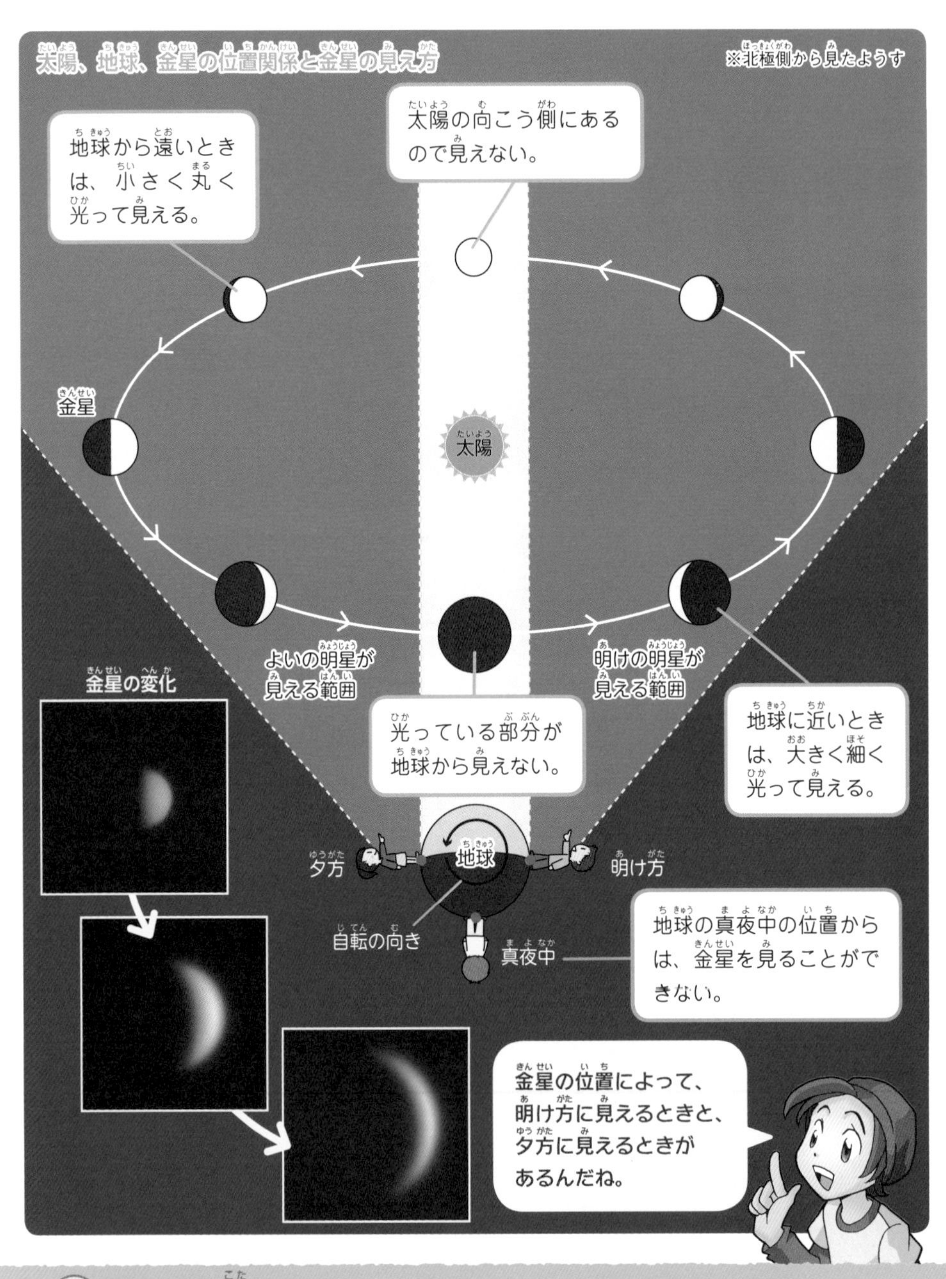

クイズ7の答え　太陽のまわりを同じ方向に回る物質が集まって星ができたから。

地球の外側を回る惑星

地球より外側を回る惑星は、見える形がほとんど変化しません。

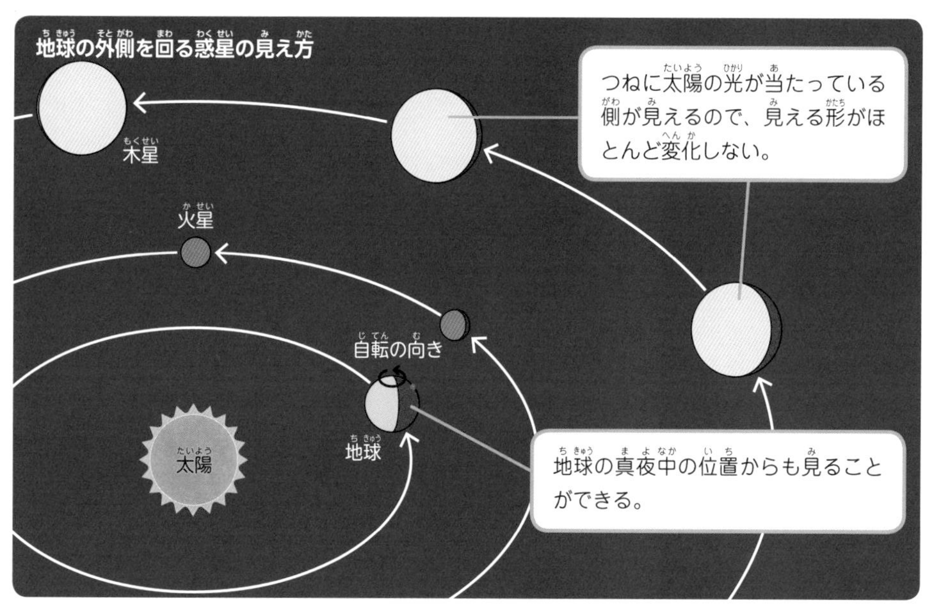

まめちしき

惑星の動き

惑星は、どうして「惑う星」と書くのかな。これは、地球も他の惑星も太陽のまわりを回っているために、地球から見た惑星の動きが、星座の星の中を右へ行ったり左へ行ったりして見えるからなんだ。

2018年の火星の動き

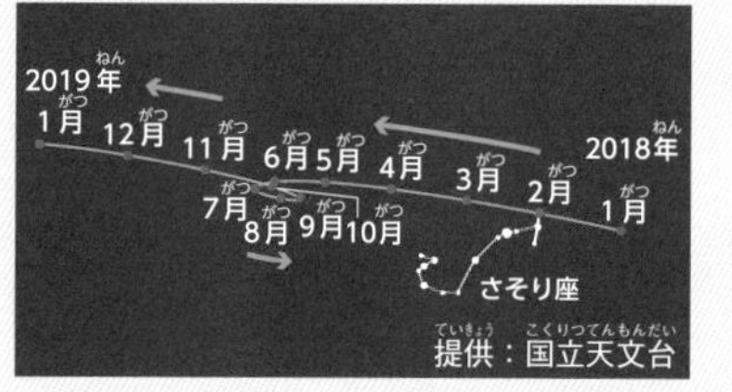

提供：国立天文台

まとめ

- 地球の内側を回る金星は、月のように満ち欠けをする。また、明け方や夕方にしか見ることができない。
- 地球の外側を回る惑星は、見える形がほとんど変化せず、真夜中でも見ることができる。

金星の満ち欠け

見えない
よいの明星
見えない
明けの明星

クイズ8　夜、空の高いところを星のような光が動いていたよ。UFO？

日食と月食

日食や月食は、太陽や月の形が数時間のうちに変化する不思議な現象だよ。なぜそんな現象が起きるのか、しくみを見てみよう。

日食

地球、月、太陽が一直線に並び、月が太陽をかくすことを日食といいます。日食は、新月の日、月が太陽の前を通り過ぎるときに起きます。

日食の地球、月、太陽の位置関係

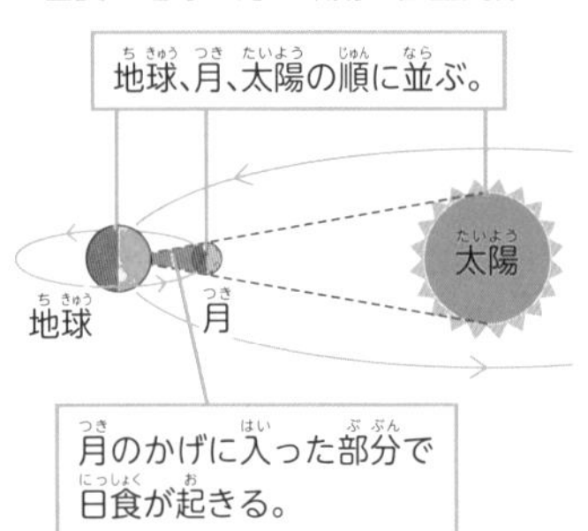

金環日食の連続写真

日食の終わり

金環日食

太陽の動き

日食の始まり

月と太陽が重なったとき、環のように太陽の光が見える日食を金環日食というよ。いろいろな日食については、38ページからくわしく見ていくよ。

月と太陽の大きさときょり

太陽の直径は月の直径の約400倍、地球から太陽までのきょりは地球から月までのきょりの約400倍なので、地球から見た月と太陽の大きさはほぼ等しいです。

地球、月、太陽の大きさときょり

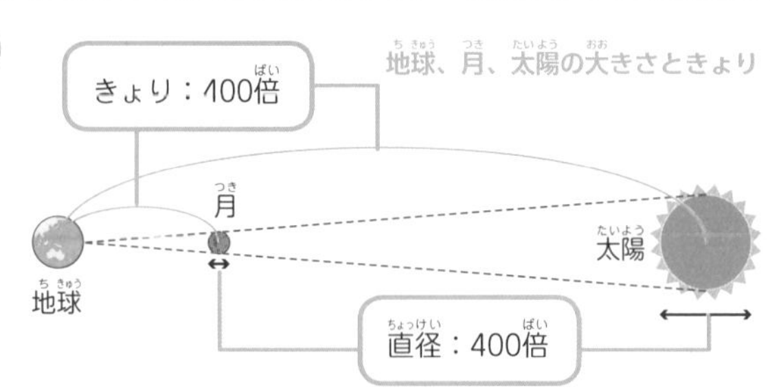

クイズ8の答え　人工衛星かも。人工衛星は星のように光ることがある。

確認しよう　注意！

太陽の観察

太陽を観察するときは、目を痛めるので、太陽を直接見てはいけません。太陽を見るときは、必ずしゃ光板を使い、短い時間で観察を行いましょう。

まめちしき

日本で日食が見られるのはいつ？

日本で大規模な日食が見られるのは、2030年と2035年だよ。

年月日	日食の種類	見える場所
2030年6月1日	金環日食	北海道
2035年9月2日	皆既日食（→38ページ）	北陸地方から関東地方北部にかけて

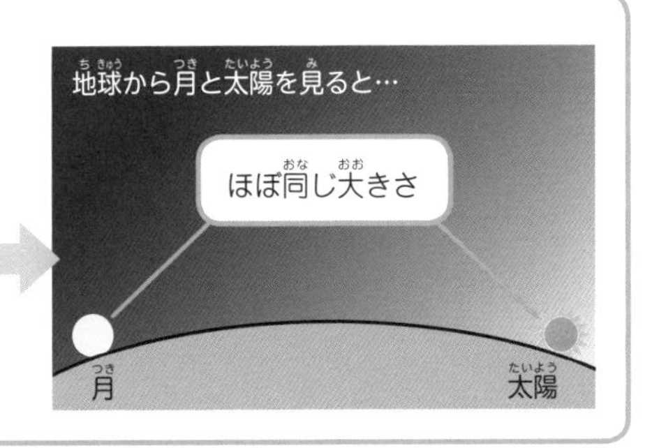

皆既日食

日食の変化

日食の太陽は、右側から欠けていき、右側から現れます。太陽の一部が月にかくされた状態を部分日食、太陽全体が月にかくされた状態を皆既日食といいます。

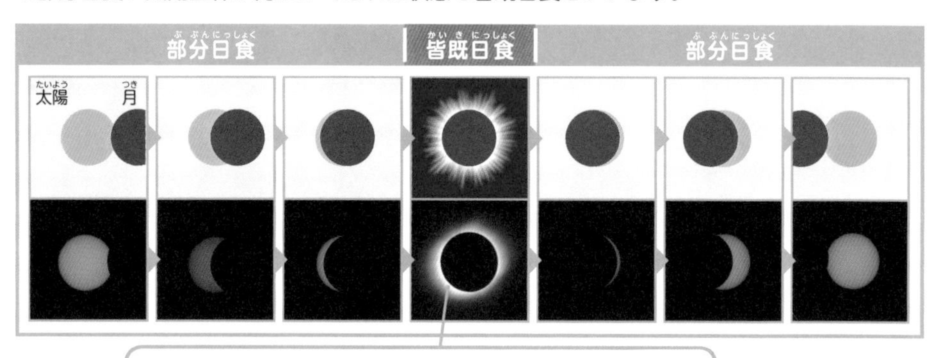

コロナ：太陽から出る高温のガス。皆既日食のときに見える。

皆既日食と金環日食

地球と月のきょりは一定ではないので、地球と月のきょりが近く、月が大きく見えるときは皆既日食に、地球と月のきょりが遠く、月が小さく見えるときは金環日食になります。

月が近く、月が太陽より大きく見えるときに見られる。

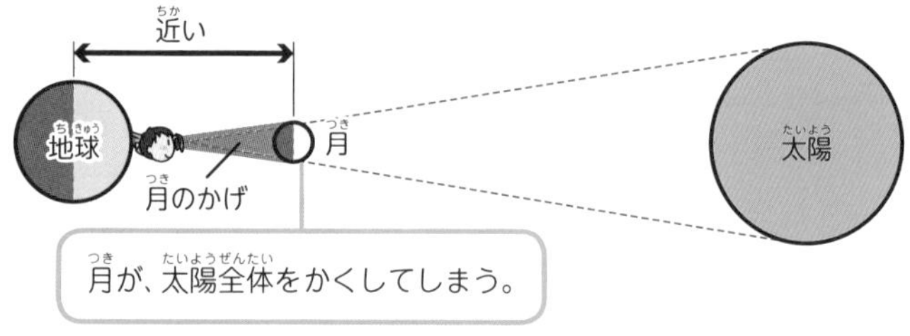

月が、太陽全体をかくしてしまう。

月が遠く、月が太陽より小さく見えるときに見られる。

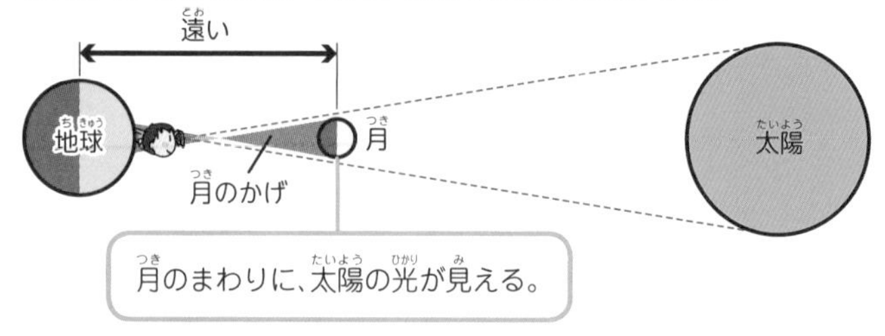

月のまわりに、太陽の光が見える。

クイズ9の答え 月の公転面が、地球の公転面に対してかたむいているから。

月食

月、地球、太陽が一直線に並び、月が地球のかげに入ることを月食といいます。

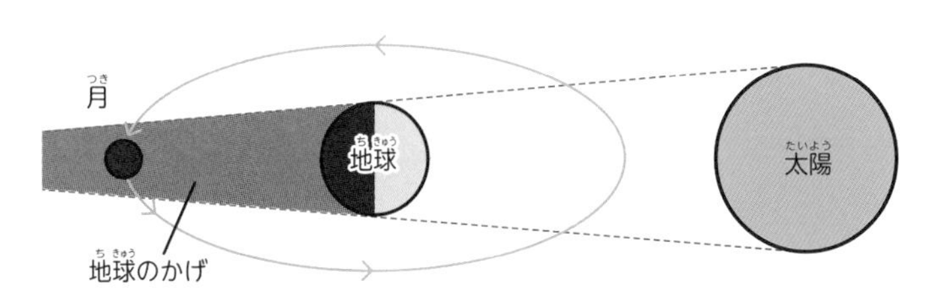

日食は地球上のせまい範囲でしか見られないけど、月食は夜になっている場所ならどこでも見られるよ。

月食の変化

月食の月は、左側からかけていき、左側から現れます。月の一部がかげに入った状態を部分月食、月全体がかげに入った状態を皆既月食といいます。

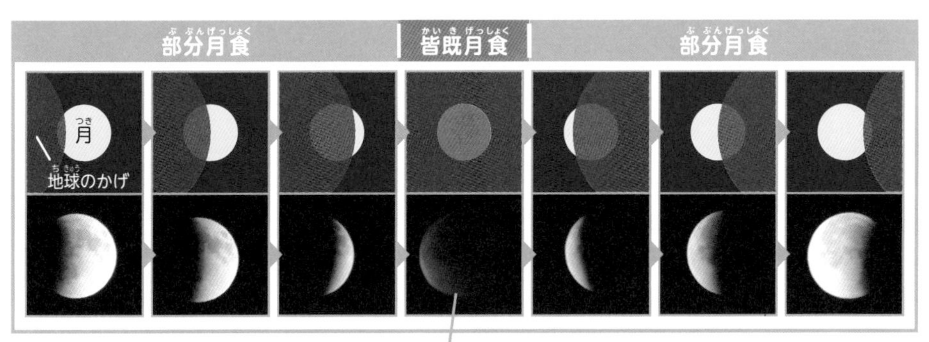

皆既月食のときの月は、全体が赤っぽい色に見える。

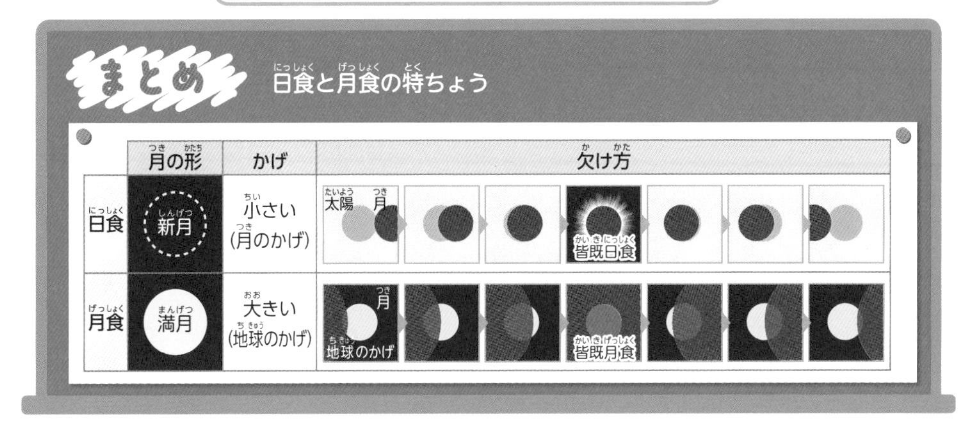

	月の形	かげ	欠け方
日食	新月	小さい（月のかげ）	太陽 月 … 皆既日食
月食	満月	大きい（地球のかげ）	月 地球のかげ … 皆既月食

1章 おさらい問題

1 ボールと電灯を使って、月の見え方を調べました。

(1)電灯は、何に見立てたものですか。

(　　　　　)

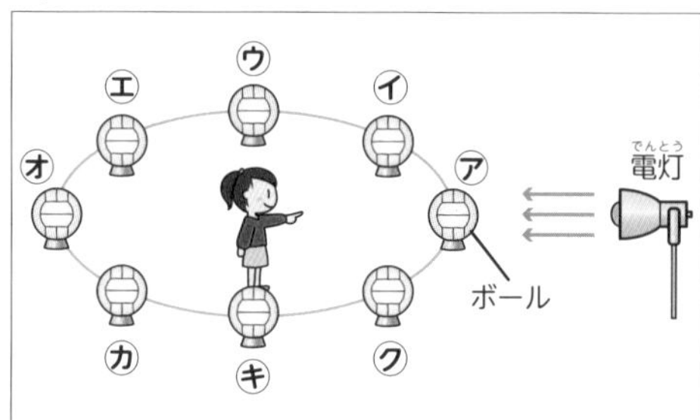

(2)ボールを月に見立てたとき、地球から月の光っている部分が見えないのは、月が㋐～㋗のどこにあるときですか。

(　　　　　)

(3)月が次のような形に見えるのは、月が㋐～㋗のどこにあるときですか。

(　　)　(　　)　(　　)　(　　)

(4)日食や月食が起きるのは、それぞれ月がどの位置にあるときですか。㋐～㋗から選んで、記号で答えましょう。

日食(　　)　月食(　　)

2 月の形の見え方の変化を調べました。

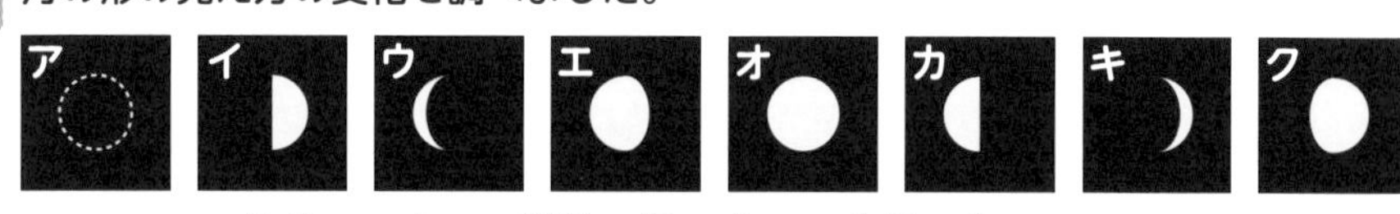

(1)**ア**～**ク**の写真を、見える順番に並べ替えて記号を書きましょう。

ア→(　　)→**イ**→(　　)→(　　)→(　　)→(　　)→**ウ**

(2)次の名前の月は、**ア**～**ク**のどれでしょう。

新月(　　)　三日月(　　)　満月(　　)

(3)**イ**と同じ形の月が次に見えるのは約何日後か、**ア**～**エ**から選んで書きましょう。

ア 約7日後　**イ** 約15日後　**ウ** 約1か月後　**エ** 約40日後　(　　)

3 次の(1)～(8)は、太陽と月、どちらの特ちょうについて書かれていますか。太陽だけの特ちょうにはA、月だけの特ちょうにはB、両方の特ちょうにはCを書きましょう。

(1) 球形をしている。（　　）

(2) 黒点がある。（　　）

(3) 自ら光を出していない。（　　）

(4) 表面の温度は約6000℃。（　　）

(5) 自ら光を出している。（　　）

(6) クレーターがある。（　　）

(7) 受けた光を反射して光って見える。（　　）

(8) 表面は岩石や砂などでおおわれている。（　　）

4 月を観察して、観察カードに記録しました。

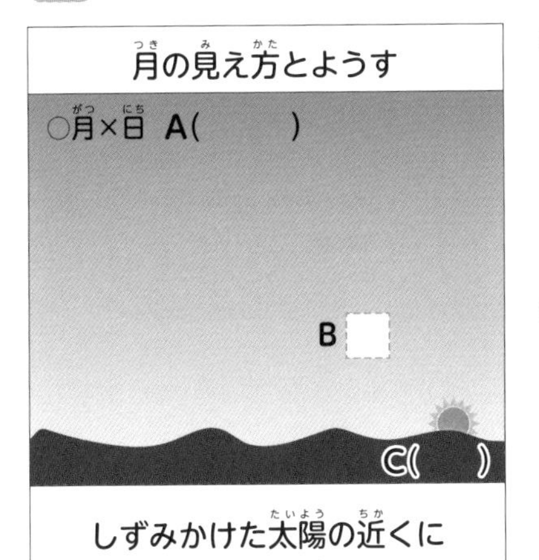

(1)Aに書かれている観察時刻は、㋐～㋒のどれでしょう。

㋐ 正午

㋑ 午後6時

㋒ 午後9時

（　　）

(2)Bに書かれている月の形は、㋐～㋒のどれでしょう。

㋐ 

㋑ 

㋒ 

（　　）

(3)Cに書かれている方位は、東・西・南・北のどれでしょう。（　　）

答え ※裏返して確認しましょう。

1 (1)太陽　(2)㋐　(3)左から㋑、㋖、㋒、㋔
(4)日食…㋐　月食…㋔

2 (1)(ア)→キ→(イ)→ク→オ→エ→カ→(ウ)
(2)新月…ア　三日月…キ　満月…オ　(3)ウ

3 (1)C　(2)A　(3)B　(4)A
(5)A　(6)B　(7)B　(8)B

4 (1)㋑　(2)㋐　(3)西

チャレンジ！

月の定規をつくろう！

月の定規を使うと、どんな形の月が、何時ごろに見えるかがわかるよ。
月の定規を使って、月の見え方と時刻の変化を確かめてみよう！

準備

❶43ページの月カード、時刻カードを - - - - - 線で切り取ろう。
❷見え方カードを、月の形に沿って切り取ろう。

コピーを取ったり、ほかの紙に写し取ったりして切り取って使ってね！

調べ方❶ 月の見える時刻を知りたいとき

三日月が見える時刻を知りたいとき

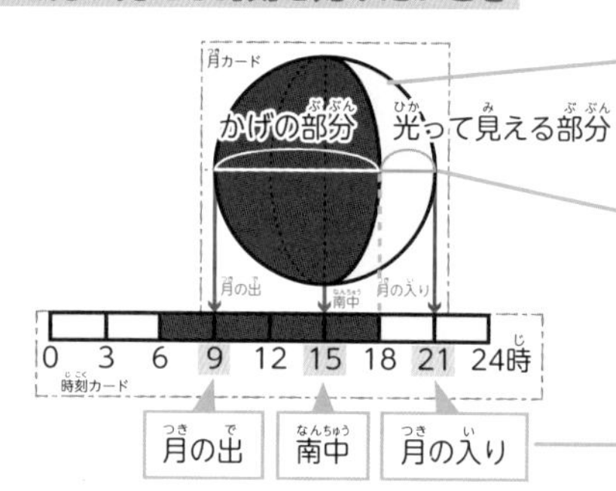

1 調べたい月の形の**見え方カード**を**月カード**に重ねよう。

2 月の光って見える部分とかげの部分を**時刻カード**に合わせよう。

3 月カードの左はしが示す時刻が**月の出**、右はしが示す時刻が**月の入り**、中間の時刻が**南中**の時刻になるよ。

左側が光っている月の場合

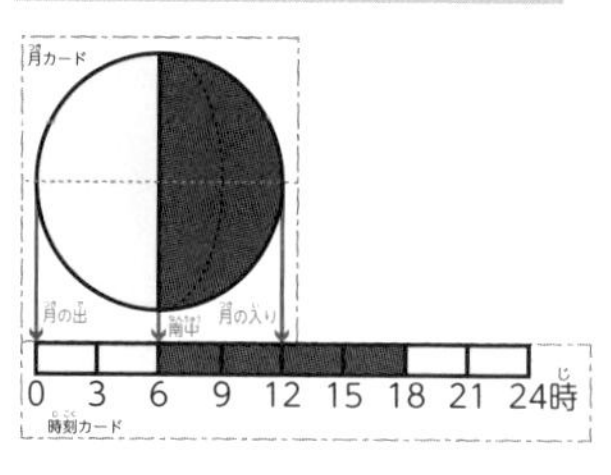

月はばが3目盛り以上の場合

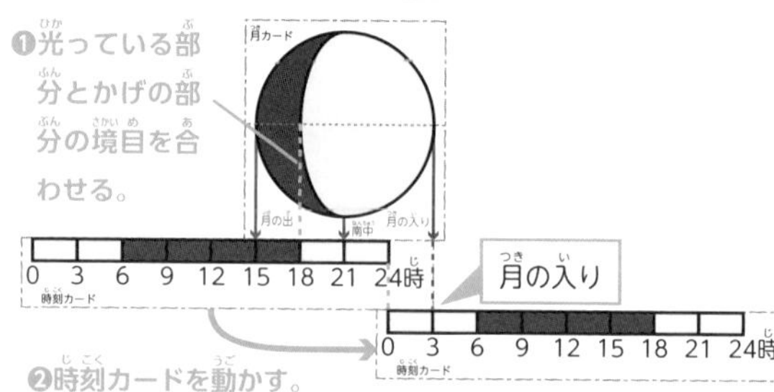

調べ方② ある時刻に南中する月の見える形を知りたいとき

9時に南中する月の形を知りたいとき

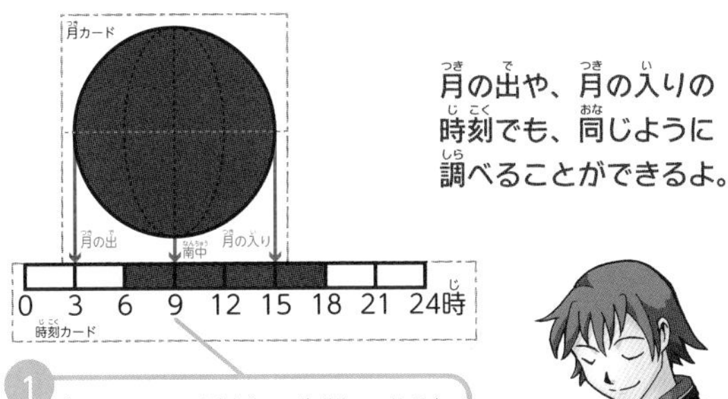

月の出や、月の入りの時刻でも、同じように調べることができるよ。

①月カードの南中の矢印と時刻カードの知りたい時刻の目盛りを合わせよう。

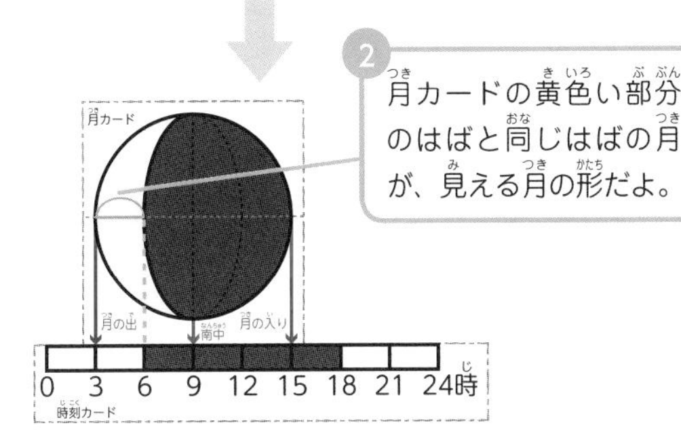

②月カードの黄色い部分のはばと同じはばの月が、見える月の形だよ。

月のはばが時刻カードからはみ出した場合

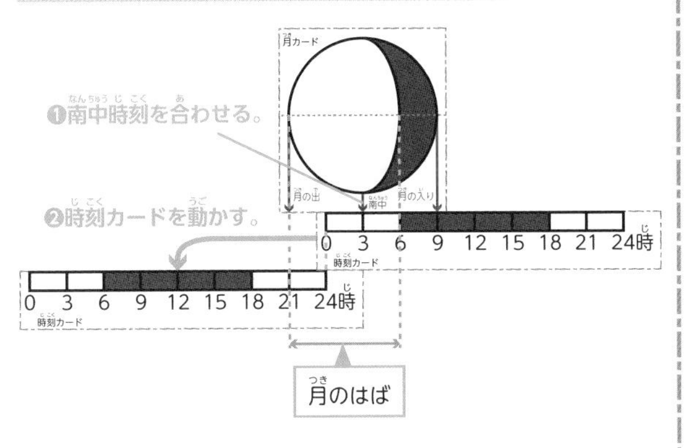

月の定規

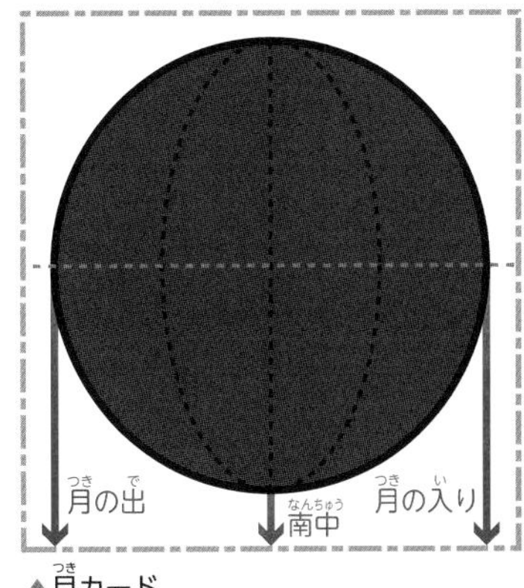

▲月カード

▼見え方カード

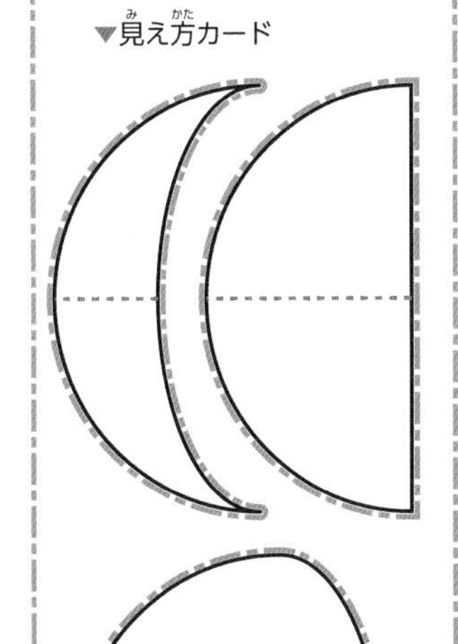

▲時刻カード

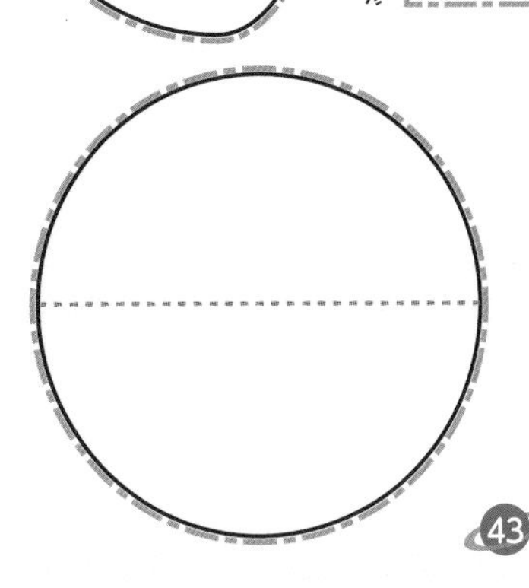

コラム

月には裏の顔がある!?

月はいつも同じ面を地球に向けているよ。だから、月の裏側は、地球から見ることができないんだ。月の裏側はどんなすがたをしているのかな？

宇宙から見た月の裏側と地球

どうして月はいつも同じ面を向けているの？

月は、地球の大きな重力に引っぱられているよ。月は、重心(重さの中心)が球の中心からわずかにずれていて、地球の重力に引かれることで、重心がつねに地球に近い側になるように向きが固定されるんだ。

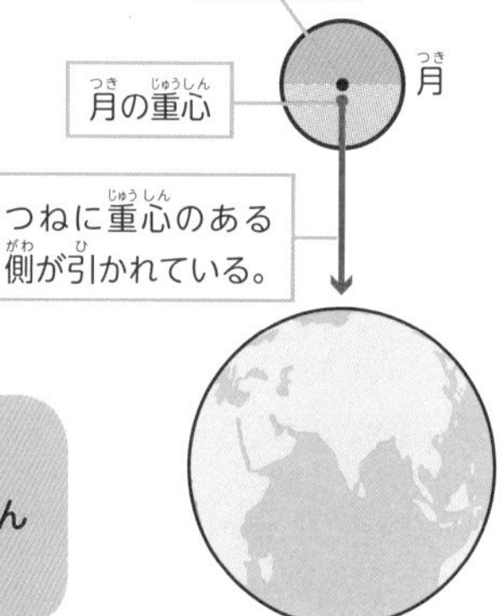

人類が月の裏側を初めて見たのは、約60年前！

太古の昔から、人類は月をながめ、観測を行ったり、さまざまな物語を作り出したりしてきたよ。でも、月の裏側のようすを知ることはできなかったんだ。
人類が初めて月の裏側のようすを観測したのは1959年、ソビエト連邦の無人探査機によるものだよ。

表と裏のようすはちがうの？

月の表側は、海と呼ばれる黒っぽい部分が広がっていて、もようのように見えるね。月の裏側は、海が少なく、目立ったもようが見られないよ。

月の裏側に海が少ない理由は、まだよくわからないんだ。

月の裏側

海

月の裏にはウサギも何もいない感じだね～。

いただきまーす!!
わあ

ここはガスも電気もきていないから
ごはんもカマドでたいたんだ♪
薪の火でじっくりコトコト煮込んだんだ
ぼくの特製「山カレー」どう？
おいしい♥
ソーラーパネルもつけようかと思っているんだけどね
それって太陽の力で発電するパネルだよね
え？　じゃあこの明かりは？
うん　観測所の室内は発電機っていう電気をつくる機械を使って発電しているんだ

よく知っているね！　太陽から地球に届く
エネルギーはじつはすごい量なんだ
もしそのエネルギーを100％変換できたら、
世界中で使うエネルギー（電気や石炭）
１年分をたった１時間くらいで
まかなうことができるんだよ
くらえ ソーラーパワー！
ぐわあ～ すごいパワーだあっ
たった１時間で
１年分!?
スゴすぎるっ！
でしょっ
なんか
２人
にてる～
なるほどね
そんなにパワーがあるから
夏ってあついんだ
だって夏は太陽が
出ている時間が
長いもんね

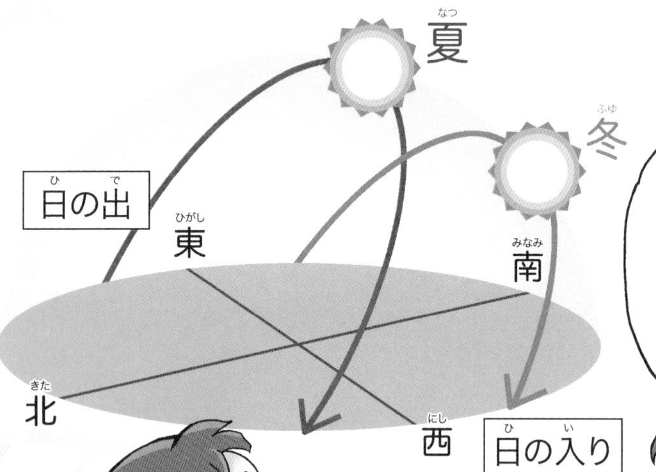

さらにおもしろいのは
太陽自身も
動いてるってこと

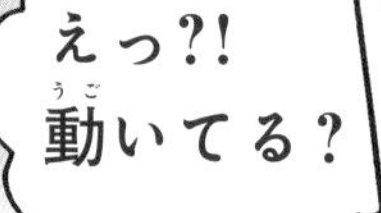

太陽が動くってことは
太陽系惑星をみんなつれて
動くことになるんだ
つまり！　今この瞬間も
ぼくたちは銀河を
移動中ってことなのさ

スゴイ!!

私たちって
もう宇宙旅行
してたんだ！

太陽の1日の動き

朝、昼、夕方、君の家からはどちらの方向に太陽が見えるかな。
太陽の1日の動きとかげの変化について見ていこう。

太陽の1日の動き

太陽は東からのぼり、南に空の高いところを通って、
西にしずみます。

東

南

朝

東の地平線から太陽がのぼります。

日の出
太陽の上側が地平線についた瞬間を
日の出といいます。

日の出直前の空のようす

クイズ10の答え 本当。皆既日食のときは明るい星が見えるほど空が暗くなる。

太陽は、朝や夕方は低いところにあって、昼は高いところにあるんだね。

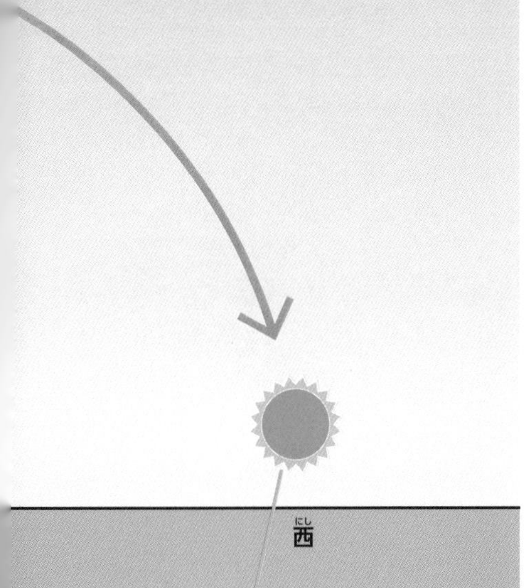

正午ごろ

南の空の高いところに見えます。太陽が真南にくることを**南中**といいます。

夕方

西の地平線に太陽がしずみます。

日の入り

太陽が地平線の下にかくれた瞬間を日の入りといいます。

太陽を読む男

クイズ11 日の出前や日の入り後、太陽が見えないのに空が明るいのはなぜ？

太陽の高さとかげ

かげは、太陽と反対側にできます。太陽の高さが低いとかげは長くなり、太陽の高さが高いとかげは短くなります。

確認しよう

太陽の高さ

太陽の高さは、地面に垂直に立てた棒と棒のかげの先を結んだ直線と、地面がつくる角度で表すことができます。

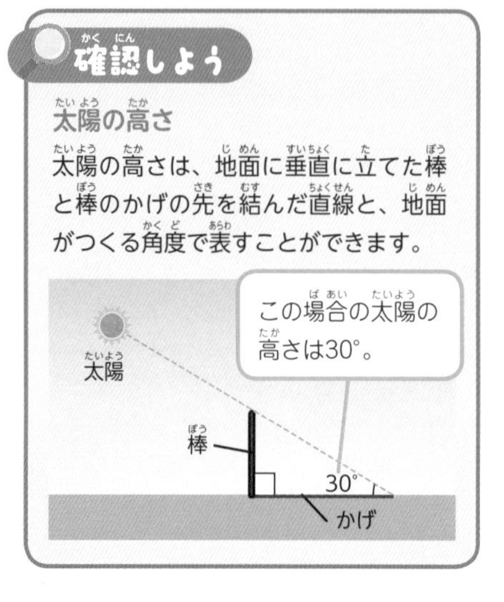

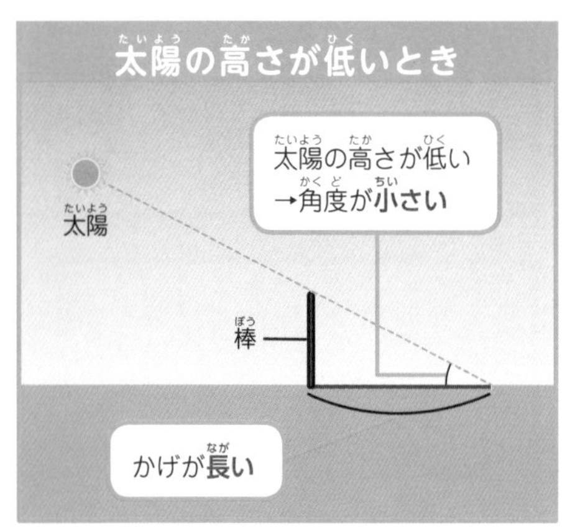

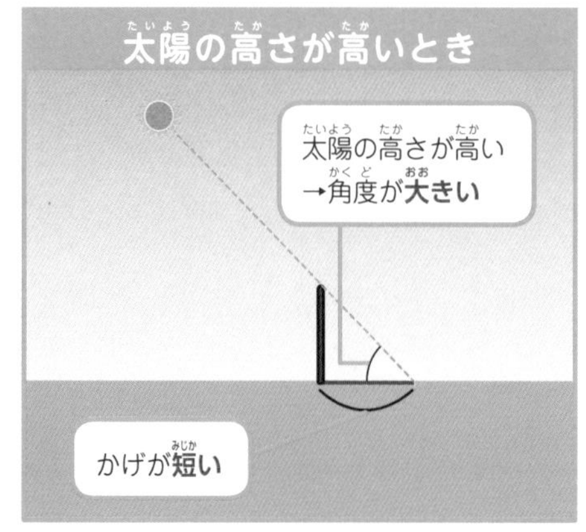

天球と太陽の動き

観測者を中心に空を大きな半球に例えたものを、天球といいます。天球上に太陽の動きを表すと、右の図のように方位と高さが変化します。

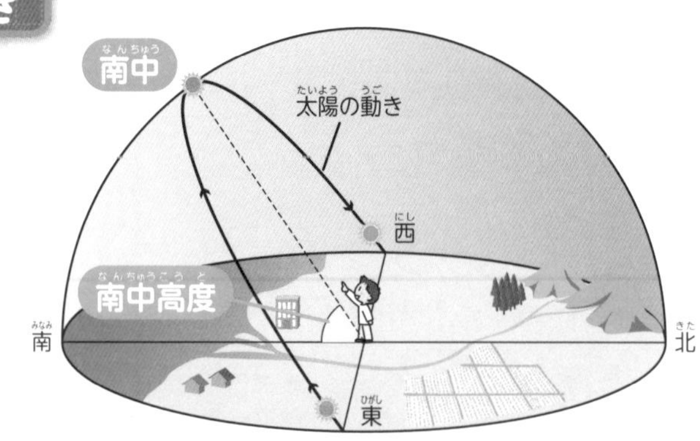

クイズ11の答え　空気が太陽の光をはね返しているから。

かげの1日の動き

太陽が東→南→西へと動くと、かげは西→北→東へと動きます。太陽の高さが最も高い南中のときに、かげの長さは最も短くなります。

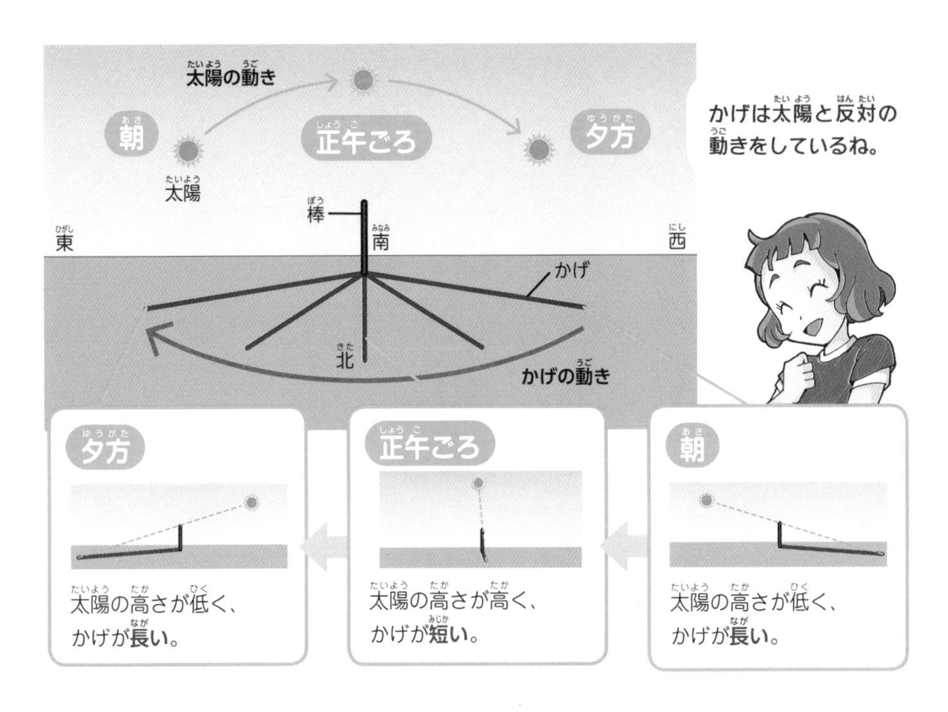

まめちしき

太陽の動きと地球の自転

太陽が毎日東からのぼり西へとしずむのは、地球が西から東の方へ1日1回自転しているからだよ。だから、東にある場所ほど、南中時刻が早いんだ。

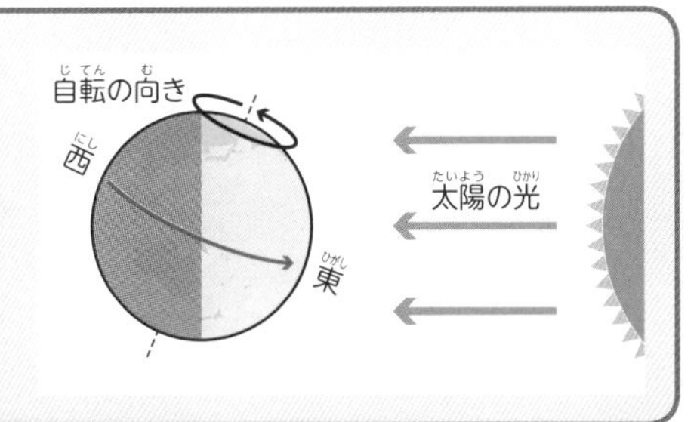

まとめ

- 太陽は、東からのぼり、南の空の高いところを通って、西にしずむ。
- かげは、太陽の動きとは反対に、西→北→東へと動く。

クイズ12　夕方、棒のかげが長くなると、太さも太くなる？

季節と昼の長さ

夏は夕方おそくまで明るいけれど、冬はすぐに暗くなってしまうね。
夏と冬では太陽の動きにどんなちがいがあるのかな。

夏と冬のちがい

夏と冬では、昼の長さや太陽の南中高度などがちがいます。夏は昼が長く、太陽の南中高度が高くなります。冬は昼が短く、南中高度が低くなります。

夏

日の出が早く、日の入りがおそいので、昼の長さが**長く**、太陽の南中高度が**高い**。

クイズ12の答え　太陽の光は平行に進むので、かげの太さは変わらない。

冬

日の出がおそく、日の入りが早いので、昼の長さが**短く**、太陽の南中高度が**低い**。

行事食

春分、夏至、秋分、冬至の日の太陽の動き

季節が変わると、太陽ののぼる方位が変わり、太陽の通り道が変わります。

春　春分の日（3月20日ごろ）

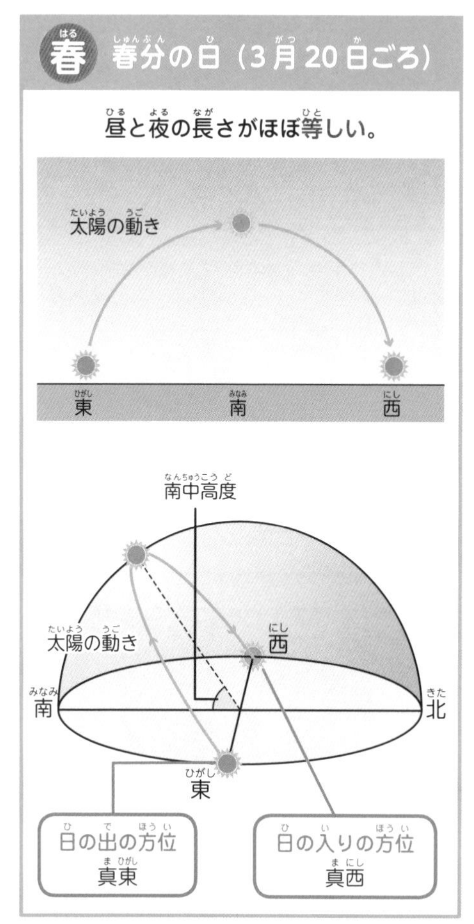

夏　夏至の日（6月21日ごろ）

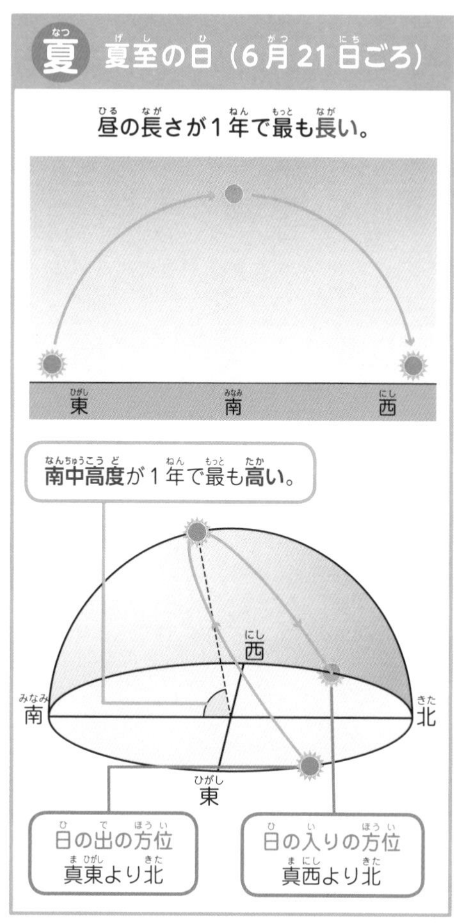

まめちしき

冬至とカボチャ

「冬至の日にカボチャを食べると病気にならない」という言い伝えを知っているかな？　カボチャは夏にとれる野菜だけれど、栄養が多い上に長い間保存することができるんだ。野菜の少ない冬に栄養満点のカボチャを食べて健康を保つ、昔の人の知恵なんだよ。

クイズ13の答え　沖縄県で約3時間半、北海道で約6時間半。

春分の日と秋分の日の太陽の動きは同じなんだね。南中高度の計算方法は62〜65ページにあるよ！

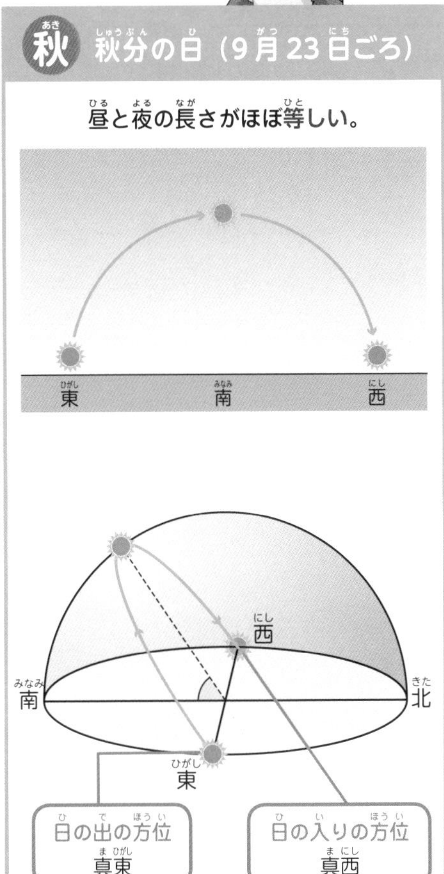

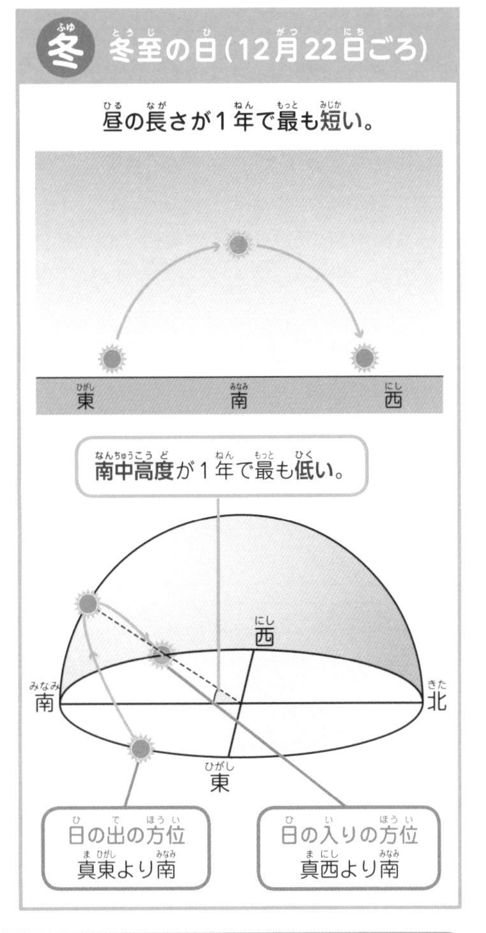

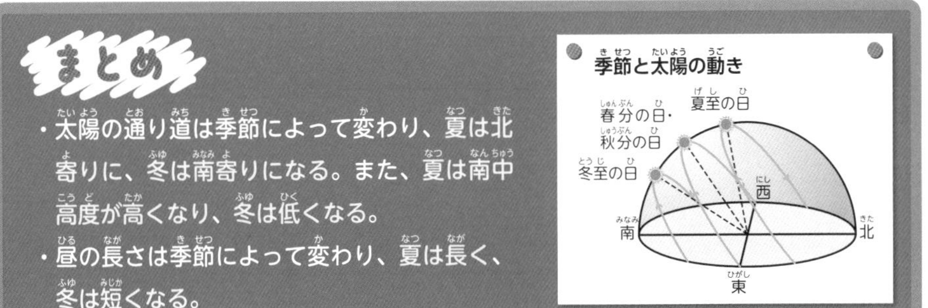

クイズ14　夏至の日の東京スカイツリー®（高さ634m）のかげの長さは？

地球の公転と季節

昼の時間や、太陽の見える高さが変化するのはどうしてかな。地球が太陽のまわりを公転すると、太陽の光の当たり方がどう変わるかを調べよう。

太陽と地球の公転

地球は1年(365日)かけて太陽のまわりを公転しています。地球は地軸をかたむけて公転しているので、太陽の光の当たり方が変わり、季節が生まれます。

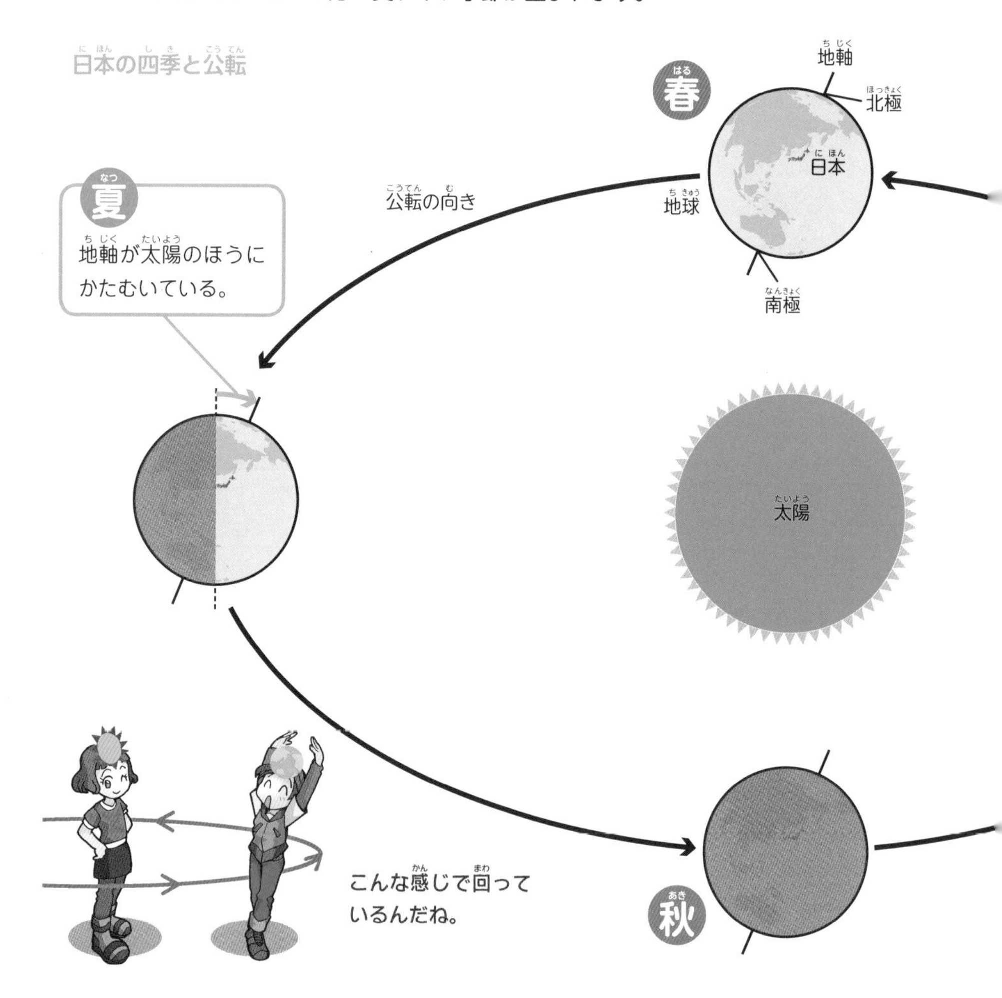

クイズ14の答え　夏至の日の東京の南中高度は約78°で、かげの長さは約135m。

地軸と季節

確認しよう

地軸のかたむき

地球が自転するときの軸を地軸といいます。地球は公転面※に垂直な方向に対して地軸を23.4°かたむけて回っています。

※公転面：公転の道すじをふくんだ平面のこと。

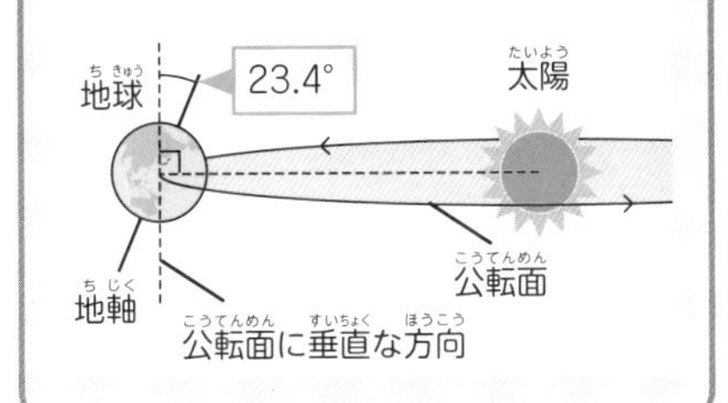

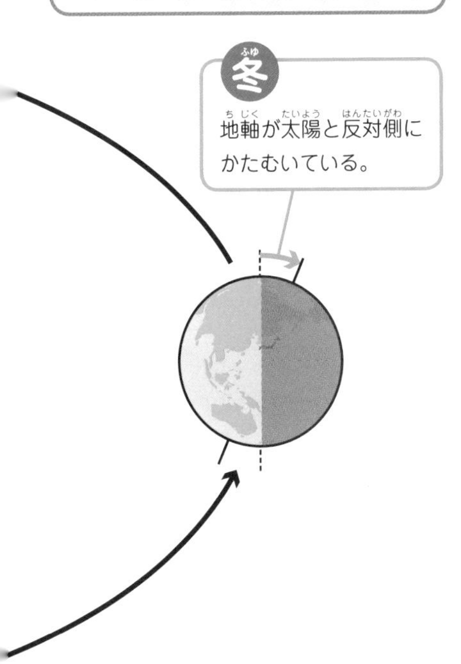

地軸のかたむきと季節

地軸はかたむいているので、太陽との位置関係によって太陽の光の当たり方が変わります。また、太陽の光の当たり方が変わることで、気温などが変化し、季節が生まれます。

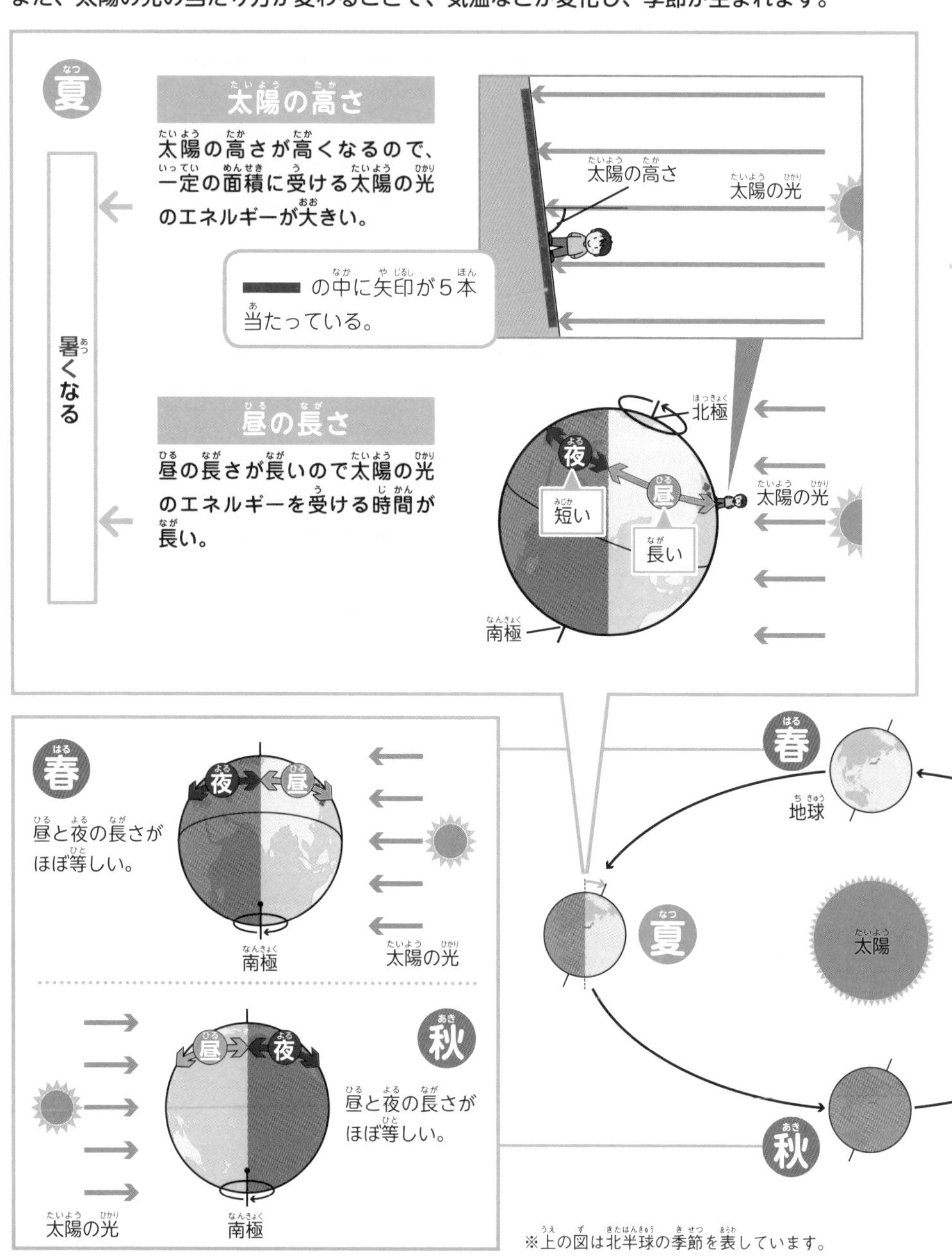

※上の図は北半球の季節を表しています。

クイズ15の答え　約4万年かけて22.1°～24.5°の間で変化する。

下の図の ▬ は同じ面積を表しているよ。
夏と冬で、同じ面積に当たる太陽の光の
矢印の数を比べてみよう！

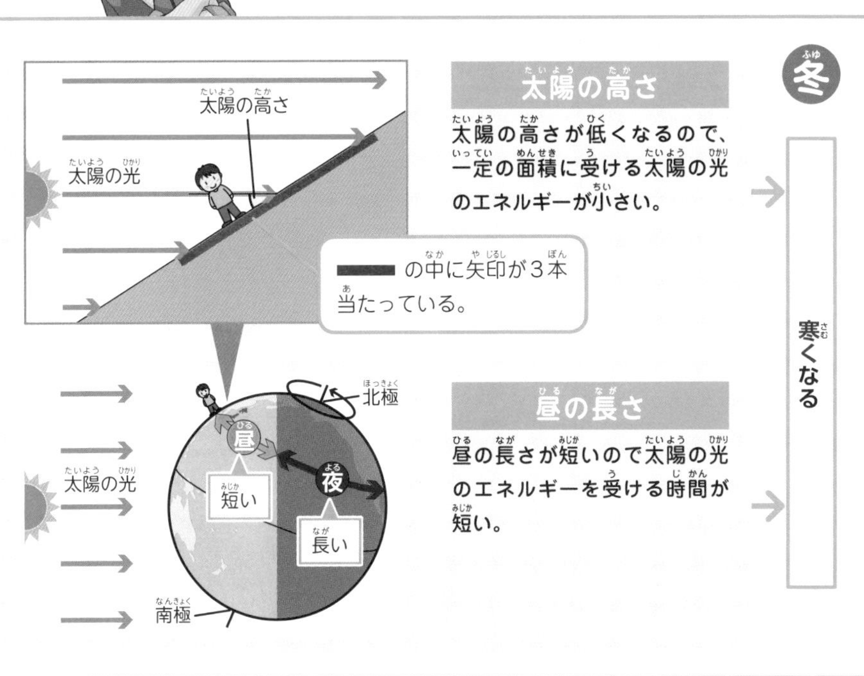

太陽の高さ

太陽の高さが低くなるので、一定の面積に受ける太陽の光のエネルギーが小さい。

昼の長さ

昼の長さが短いので太陽の光のエネルギーを受ける時間が短い。

まめちしき

南半球の季節

赤道の南側の南半球では、太陽の高さや昼の長さの変化が北半球とは反対になるよ。

北半球が夏のときには…

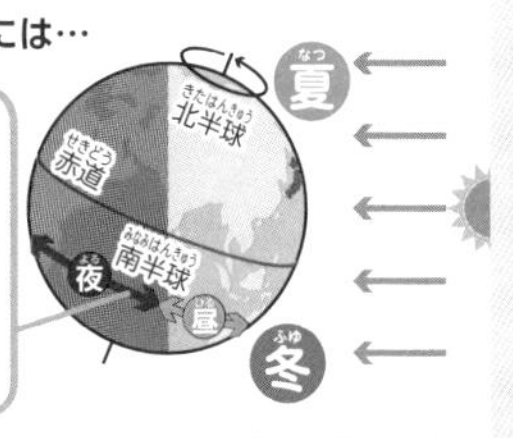

南半球は太陽の高さが低く、昼の長さが短いので冬！

まとめ

地球は地軸をかたむけて太陽のまわりを公転していて、北半球は地軸が太陽のほうにかたむいているときは夏に、太陽と反対側にかたむいているときは冬になる。

太陽の南中高度

昼の太陽はとても高いところにあるけれど、南中高度は何度なのかな？
太陽の南中高度を、算数のきまりを使って考えよう。

春分、秋分の日の南中高度

春分、秋分の日は、地軸が公転面に対して垂直になります。

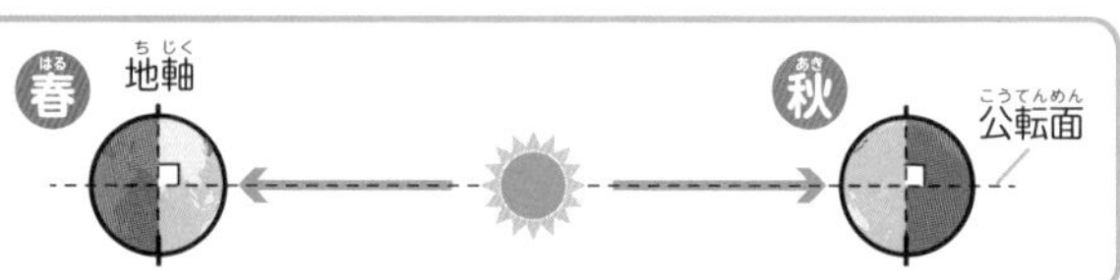

※緯度、赤道については66～69ページを見よう！

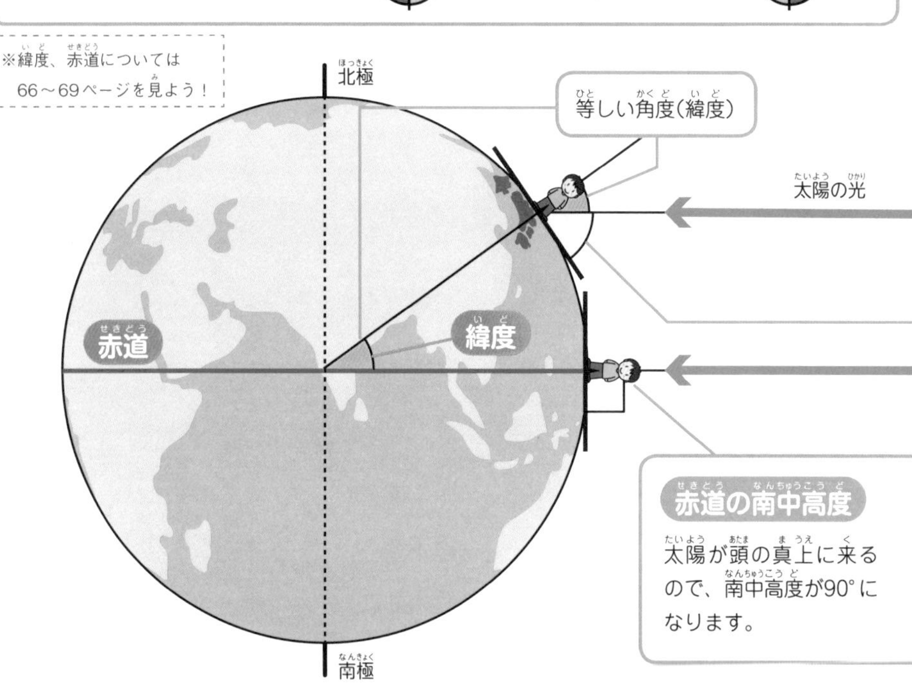

赤道の南中高度

太陽が頭の真上に来るので、南中高度が90°になります。

まめちしき

太陽の光が平行なのはなぜ？

太陽から出た光は四方八方へ広がるけれど、太陽はとても遠くにあるので、地球にとどく光はほぼ平行になるんだ。

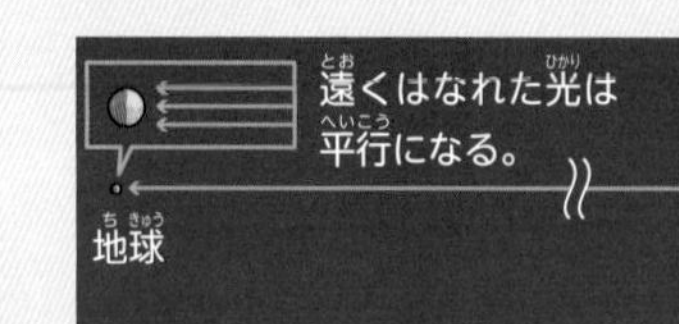

クイズ16の答え　大地震。東北地方太平洋沖地震（東日本大震災）では約17cm動いた。

南中高度

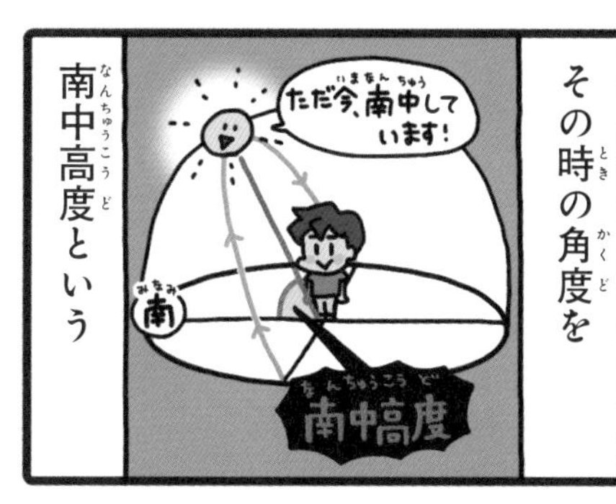

確認しよう

平行線がつくる角

平行な2本の直線と交わる直線がつくる角のうち、同じ位置にあるものは等しい。

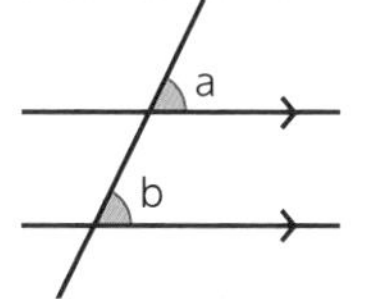

aとbの角度は等しい

地球のどこに立っているかによって、頭の真上の方向が変わるのね。

春分、秋分の日の南中高度の求め方

90°−緯度

例 北緯35°の東京の場合
春分、秋分の日の南中高度は
90°−35°＝55°

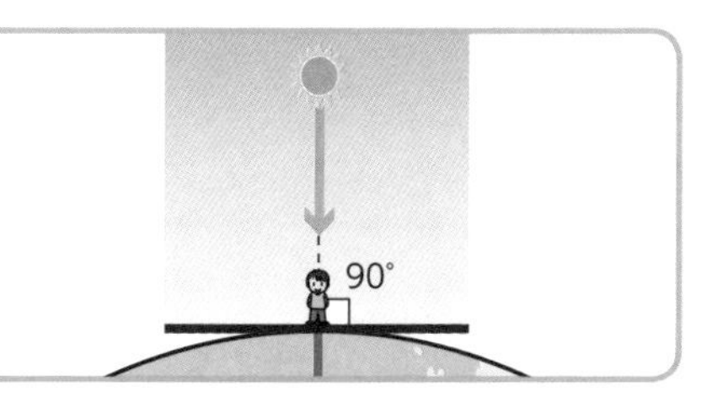

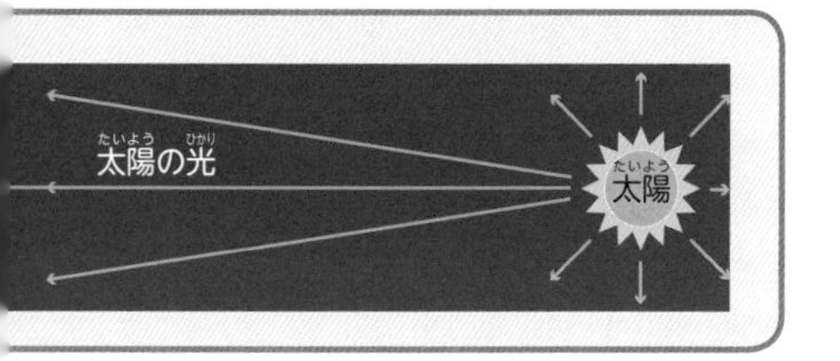

クイズ17 太陽が真上にあるとき，垂直に立てた棒のかげはどうなる？

夏至の日の南中高度

夏至の日は、地軸が太陽のほうに、23.4°かたむいているので、南中高度が最も高くなります。

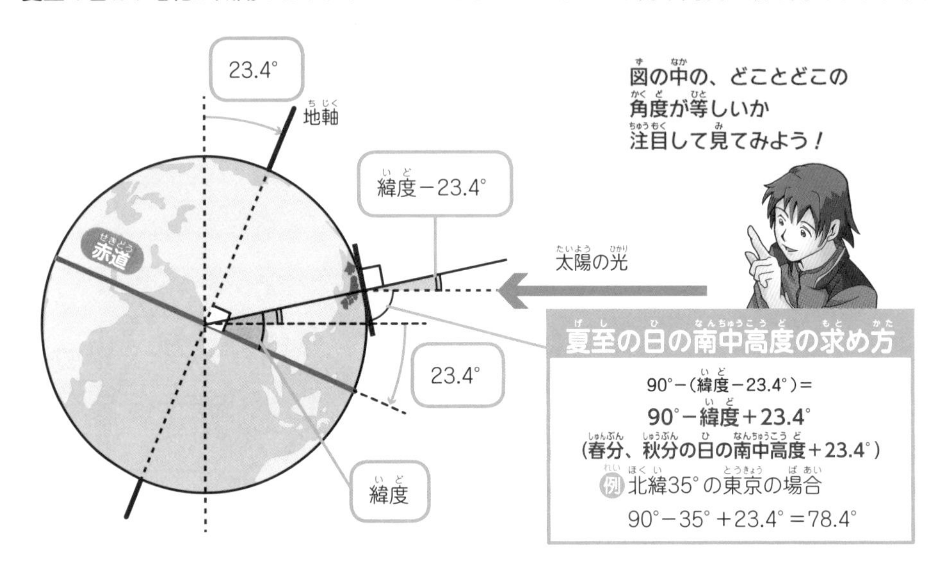

夏至の日の南中高度の求め方

90°－(緯度－23.4°)＝

90°－緯度＋23.4°

(春分、秋分の日の南中高度＋23.4°)

例 北緯35°の東京の場合

90°－35°＋23.4°＝78.4°

冬至の日の南中高度

冬至の日は、地軸が太陽と反対側に、23.4°かたむいているので、南中高度が最も低くなります。

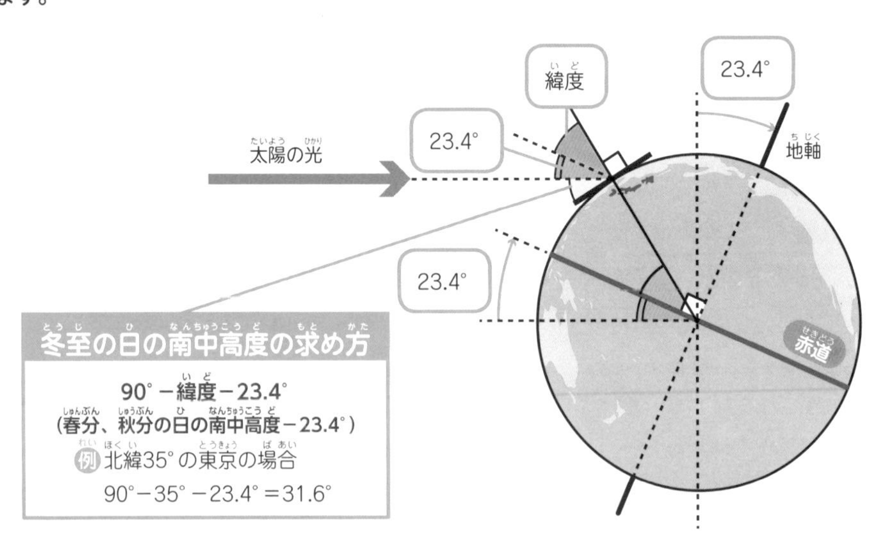

冬至の日の南中高度の求め方

90°－緯度－23.4°

(春分、秋分の日の南中高度－23.4°)

例 北緯35°の東京の場合

90°－35°－23.4°＝31.6°

 クイズ17の答え　真上から太陽の光が当たるので、かげがなくなる。

地球から見た太陽の通り道と季節

地球から見ると、太陽は地軸を中心に東から西へと回っています。

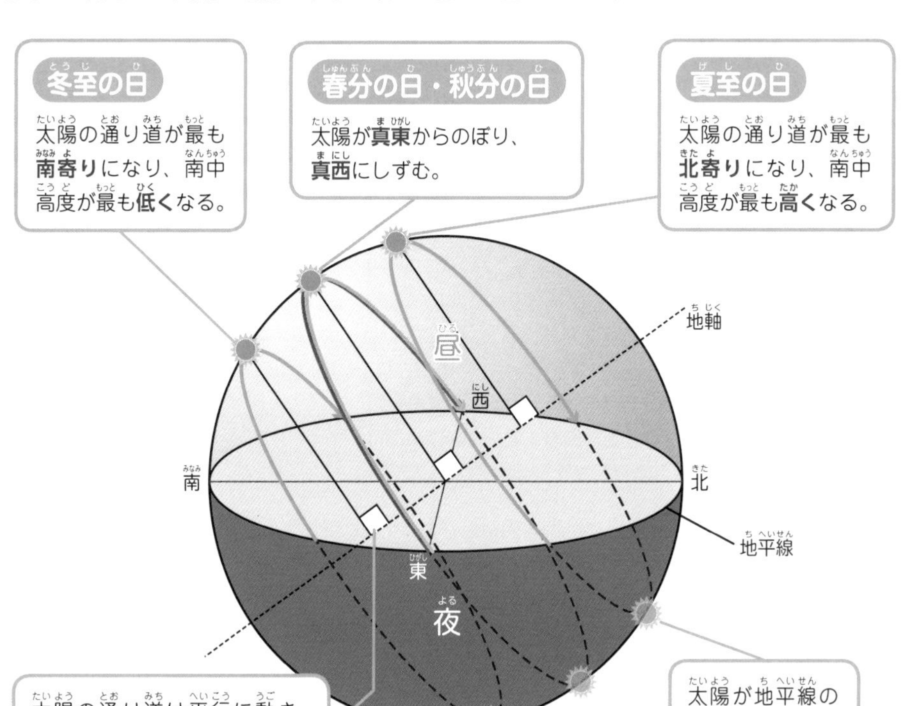

まとめ 地軸はかたむいているので、季節によって太陽の南中高度が変わる。

	南中高度の求め方
春分の日・秋分の日	90°－緯度
夏至の日	90°－緯度＋23.4° (春分の日・秋分の日の南中高度＋23.4°)
冬至の日	90°－緯度－23.4° (春分の日・秋分の日の南中高度－23.4°)

クイズ18 二千年以上前のギリシャ人が南中高度を使って計算したものは？

緯度・経度と太陽の動き

自分が丸い地球の上のどこにいるかは、緯度、経度という２つの座標を使って表すことができるよ。緯度、経度による太陽の動きの変化を見てみよう。

緯度と経度

地球上の位置は、緯度と経度を使うことで表すことができます。

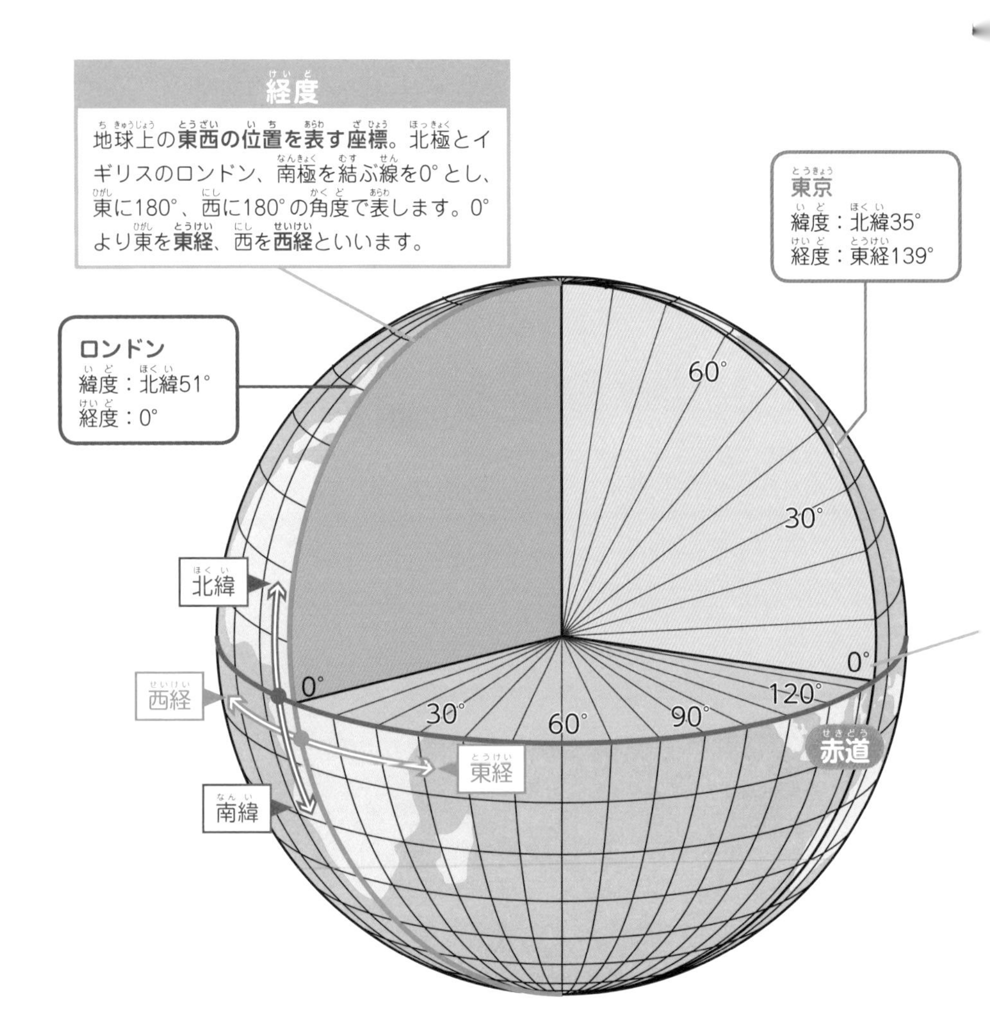

クイズ18の答え　2つの地点のきょりと南中高度の差から地球の大きさを求めた。

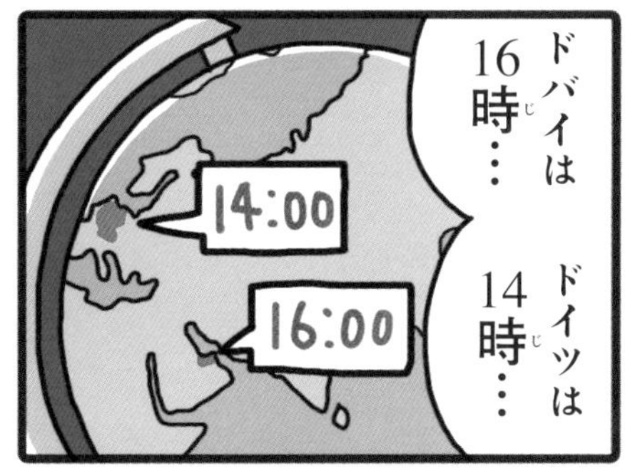

まめちしき

経度の基準、グリニッジ天文台

経度0°の線は、1884年、イギリスのロンドンにあるグリニッジ天文台を基準に決められたよ。その後、経度0°の決め方が変わり、現在ではグリニッジ天文台から100mほどずれた場所が基準になっているんだ。

グリニッジ天文台

緯度

地球上の**南北の位置を表す座標**。赤道を0°とし、北に90°、南に90°の角度で表します。赤道より北を**北緯**、南を**南緯**といいます。北極点は北緯90°、南極点は南緯90°になります。

緯度や経度は、けいたい電話などの位置情報にも使われているんだよね。

クイズ19　日付の境目を表す日付変こう線は、東経180°にある。本当？

経度と南中時刻

地球は西から東へ自転しているので、東にある場所ほど早く南中します。

地球の自転と南中時刻

地球は西から東へ自転しているので、南中時刻は東にある地点ほど**早く**、西にある地点ほど**おそく**なる。

地球は24時間で360° 自転しているので、**1時間では360° ÷24＝15° 自転**している。

経度が15° 西へずれると、南中時刻は1時間おそくなる。

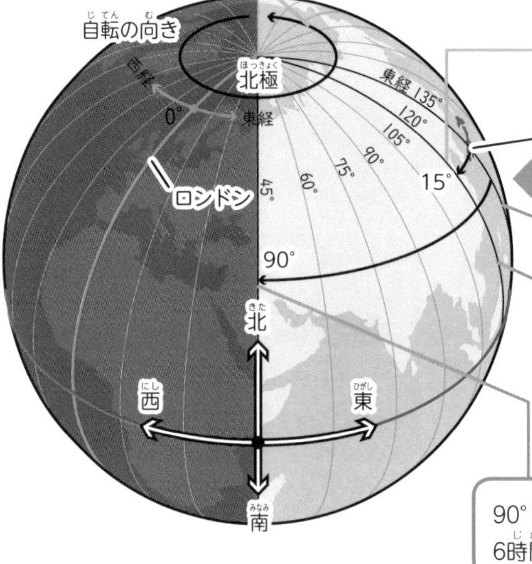

明石

太陽の光

経度の差と南中時刻

東経135° の明石で太陽が南中している。

15° 西にずれた東経120° の地点では、1時間後に南中する。

90° 西にずれた東経45° の地点では、6時間後に南中する。

まめちしき

日本の時刻の基準は明石

時刻は、経度を基準にそれぞれの国で決められているよ。日本では、兵庫県明石市を通る東経135° が基準となっているんだ。

やってみよう！

日本の明石（経度：東経135°）とロンドン（経度：0°）の南中時刻の差を計算してみよう！

経度の差　　1時間に自転する角度

$$135° \div 15° = 9$$

明石はロンドンより東にあるので、ロンドンの方が**9時間遅く南中する。**

クイズ19の答え　本当。一部曲がりながら、ほぼ東経180° の線上にある。

経度と太陽の通り道

緯度によって、太陽の通り道は変化します。赤道に近づくほど太陽の南中高度が高くなり、北極や南極に近づくほど南中高度が低くなります。

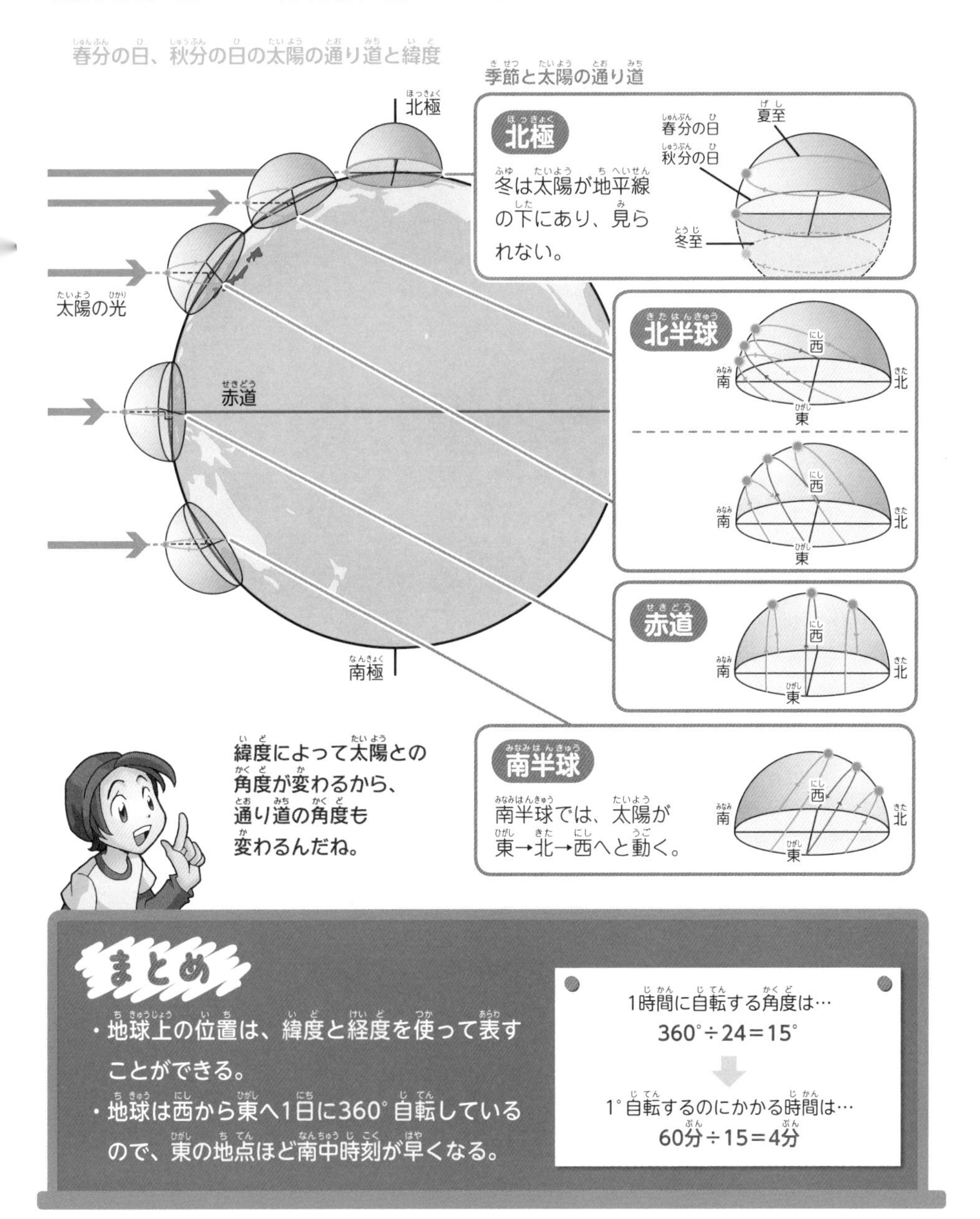

まとめ

- 地球上の位置は、緯度と経度を使って表すことができる。
- 地球は西から東へ1日に360°自転しているので、東の地点ほど南中時刻が早くなる。

1時間に自転する角度は…
360°÷24＝15°

1°自転するのにかかる時間は…
60分÷15＝4分

クイズ20 本州で最も早く初日の出が見られるのはどこ？（→答えは、82ページ）

2章 おさらい問題

1 春分の日の太陽の通り道を調べると、下の図のようになりました。

(1) 太陽の動く向きを表しているのは、右の図の**ア**、**イ**のどちらでしょう。

(　　　　　　)

(2) 太陽が真南に来ることを何といいますか。

(　　　　　　)

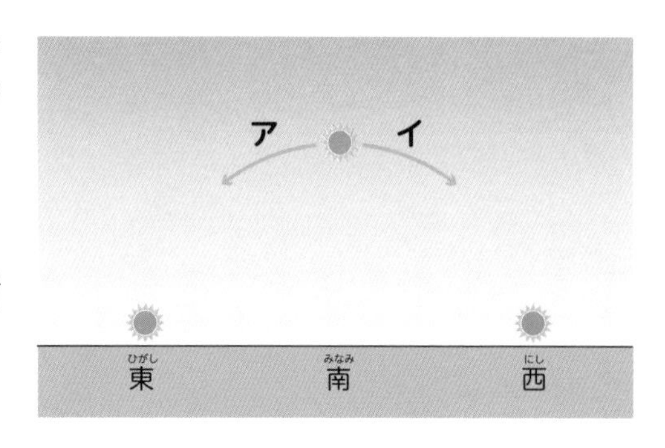

2 午前10時、正午、午後２時のかげの向きを調べました。

(1) 午前10時の太陽は、**ア**～**ウ**のどこの位置にありますか。

(　　　　)

(2) 午前10時のかげは、**カ**、**キ**のどちらですか。

(　　　　)

(3) かげが動くのはなぜですか。

(　　　　　　　　　　　　)

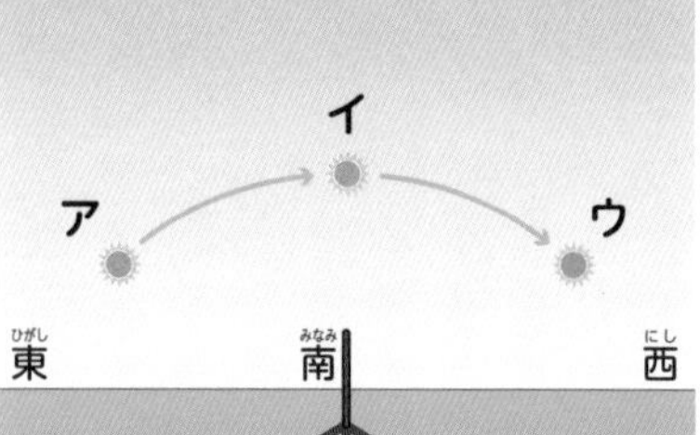

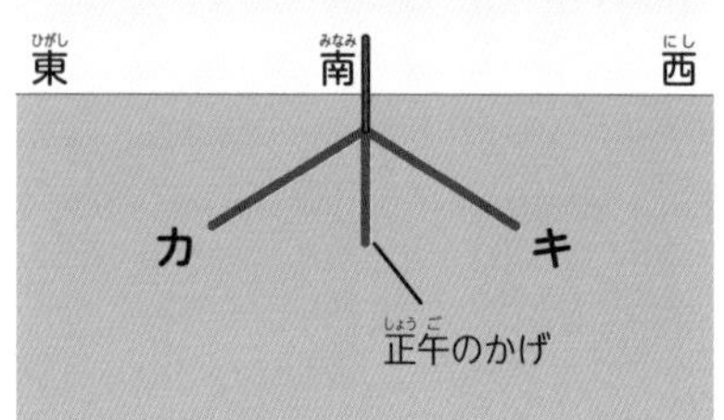

3 (　)にあてはまる言葉を書くか、○で囲みましょう。

(1) 太陽は東から(　　　　)の空を通って(　　　　)へと動く。

(2) かげは太陽と(同じ方向・反対がわ)にできる。

(3) かげの向きは西から(　　　　)を通って(　　　　)に動く。

4 (　)にあてはまる言葉を書くか、○で囲みましょう。

(1)太陽が真東からのぼり、真西にしずむのは、1年のうちで、
(　　　　)の日と(　　　　)の日の2回である。

(2)日の出、日の入りの方位は、冬至の日は真東や真西より(南・北)に、夏至の日は真東や真西より(南・北)になる。

(3)太陽の南中高度が1年で最も低く、昼の時間が1年で最も短くなるのは(　　　　)の日で、南中高度が最も高く、昼の時間が最も長くなるのは(　　　　)の日である。

5 【図1】は、地球の公転のようすを北極側から見て示したものです。また、A～Dはある時期の地球の位置を示しています。これについて、次の問いに答えましょう。

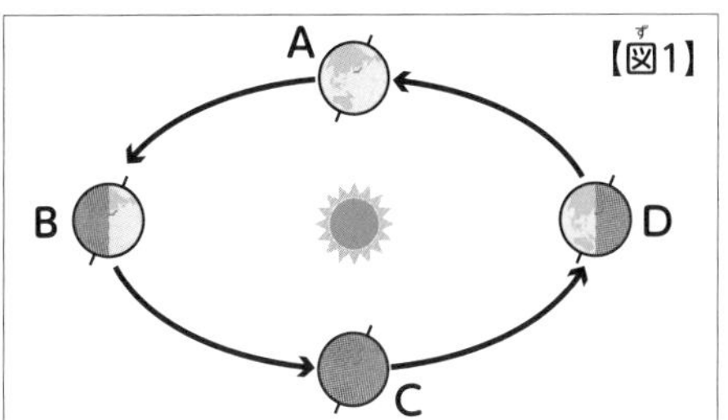

(1)地球がA～Dの位置にあるときの季節は、それぞれ何ですか。

A(　　　)　B(　　　)

C(　　　)　D(　　　)

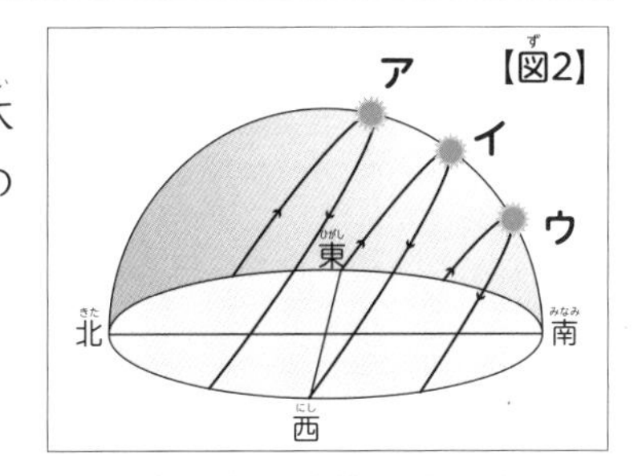

(2)地球が【図1】のCの位置にあるとき、太陽の通り道を透明半球に書くと【図2】のア～ウのどれになりますか。

(　　　)

答え ※裏返して確認しましょう。

1 (1)イ (2)南中

2 (1)ア (2)キ (3)太陽が動くから

3 (1)南、西 (2)反対がわ (3)北、東

4 (1)春分、秋分（順不同） (2)南、北 (3)冬至、夏至

5 (1)A…春 B…夏 C…秋 D…冬 (2)イ

太陽の南中時刻を計算してみよう！

太陽が南中する時刻は、経度によって変わるよ。きみが住んでいるところの南中時刻は何時になるかな？　経度をもとに計算してみよう。

経度が1°ちがうと南中時刻は4分ちがう！

地球は西から東へ24時間で360°回っているので、1°回るのにかかる時間は……

(24時間×60分)÷360°＝4分

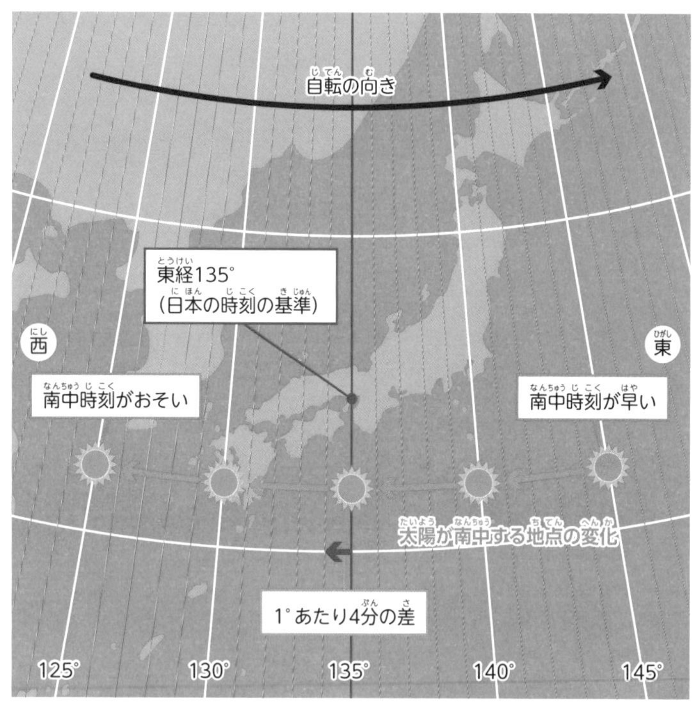

時刻の基準となる東経135°では、南中時刻がちょうど12時になるのね。

つまり、東経135°より東では12時より前に、西では12時より後に南中するんだね。

きみが住んでいるところの南中時刻は何時？

矢印をたどりながら□に数を書きこんでいくと、きみが住んでいるところの太陽の南中時刻がわかるよ！

経度を調べる！

インターネットなどで、きみが住んでいるところの経度を調べよう。地方自治体（市役所など）のホームページや地図から調べることができるよ。

きみが住んでいるところの経度

東経□°

経度が135°より小さかった！

東経135°より**西**に住んでいるきみはこっち

経度の差を求める！

きみが住んでいるところの経度を書こう。

135°－□°＝□°

12時の何分後に南中するかを求める！

□°×4分＝□分

何時何分に南中するかを求める！

12時＋□分＝12時□分

経度が135°より大きかった！

東経135°より**東**に住んでいるきみはこっち

経度の差を求める！

きみが住んでいるところの経度を書こう。

□°－135°＝□°

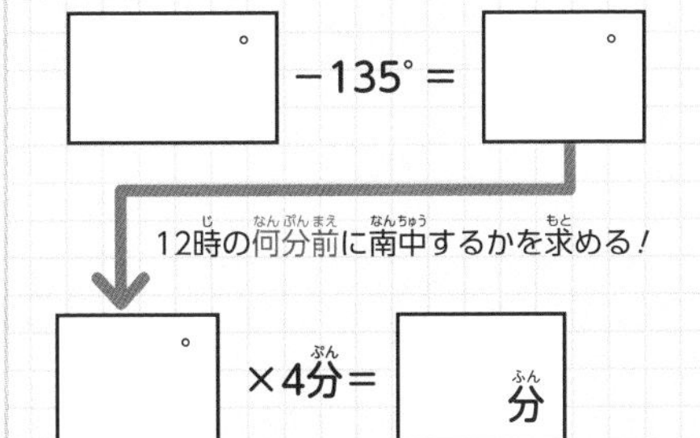

12時の何分前に南中するかを求める！

□°×4分＝□分

何時何分に南中するかを求める！

12時－□分＝11時□分

南中時刻がわかったら、その時刻に太陽がどの方向に見えるかを調べてみよう。南中時刻に太陽が見える方向が南だよ。※

※南中時刻は季節によって前後10分くらい変わります。

コラム

太陽と地球がつくり出す芸術 オーロラ

夜空に光のカーテンがかかったようにかがやくオーロラ。
オーロラは、太陽と地球のエネルギーがぶつかり合って生まれる現象なんだ！

オーロラはどこに現れるの？

オーロラは、北極や南極をほぼ中心にして、輪のような形で現れるよ。オーロラがよく見られるのは、カナダやフィンランドなどの緯度がおよそ60°～70°の地域なんだ。

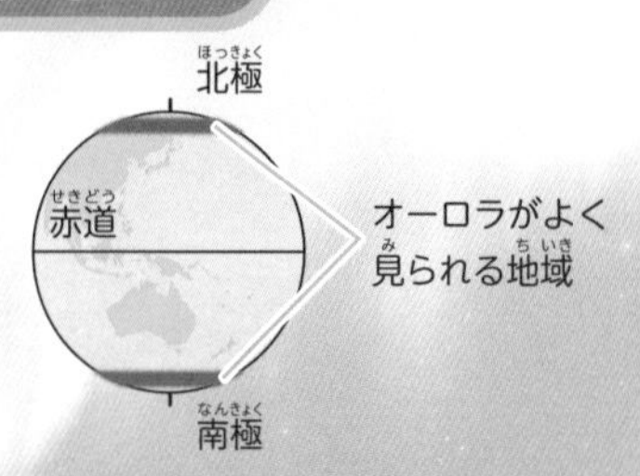

オーロラは、地球と太陽の戦い!?

太陽が太陽風で地球を攻撃！

太陽風とは、太陽から出る目に見えない小さなつぶの流れのことだよ。

地球は磁場で防御！

磁場とは、磁石の力がはたらく空間のことだよ。方位磁針のN極が北を指すのも、磁場があるからなんだ。

オーロラの高さと色

オーロラの色は、高さによって変わるよ。オーロラはとても高いところで光っていて、最も高いところでは、国際宇宙ステーションに近い高さになるよ。

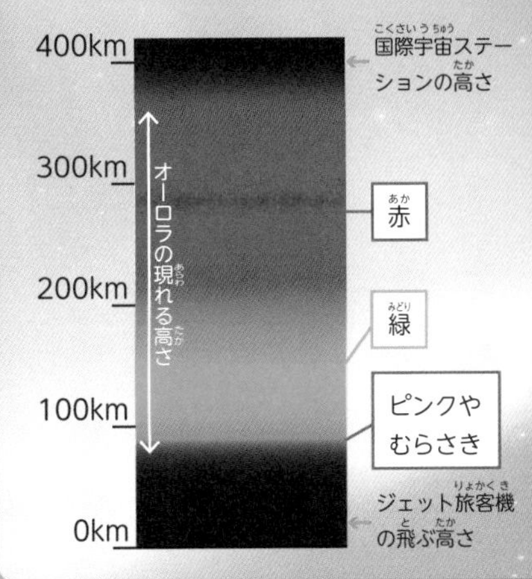

攻撃がもどってきた！

磁場にはじかれた太陽風の一部は、地球の後ろのほうでは、反対に磁場に吸いこまれてしまうんだ。

オーロラ発光！

地球の高緯度に流れこんだ太陽風は、大気※中の酸素やちっ素のつぶにぶつかって、光を出すよ。※地球をおおう気体(空気)のこと。

コラム

季節を告げる言葉 二十四節気

二十四節気は、その時期の気候のようすなどを表しているんだ。

太陽の位置をもとに、1年を春夏秋冬の4つの季節に分け、さらに、1つの季節を6つに分けたものを二十四節気というよ。春分、夏至なども、二十四節気のひとつだよ。

八十八夜

「♪夏も近づく八十八夜～」で始まる茶つみの歌。八十八夜とは、立春から数えて88日目のこと(5月2日ごろ)で、新茶の葉をつんだり、農作物の種まきをする時期を表しているよ。二十四節気は農作業を行う目安にもなっているんだ。

穀雨

立夏
5月5日ごろ

立夏

夏の始まり。同じく、立春は春、立秋は秋、立冬は冬の始まり。

小満

芒種

天気予報で、「こよみの上では夏です」と言っているのは、二十四節気がもとになっているんだね！

夏至
6月21日ごろ

小暑

小暑

梅雨が明け、暑さが本格的になるころ。

大暑

立秋
8月8日ごろ

処暑

小暑から大暑へ、夏至を過ぎて、どんどん暑くなっていくようすを表しているのね！

大暑

夏の暑さが最も激しくなっていくころ。

春一番

立春から春分までの間に広い範囲で初めてふく、強い南風を春一番というよ。あたたかい南風によって気温が上がる春一番は、春の訪れを告げる気象現象なんだ。春一番の強風は、船や飛行機に危険をもたらすため、天気予報の中で重要な用語のひとつになっているよ。

天気図や高気圧、低気圧については、4章を見よう！

春一番がふいた日の天気図

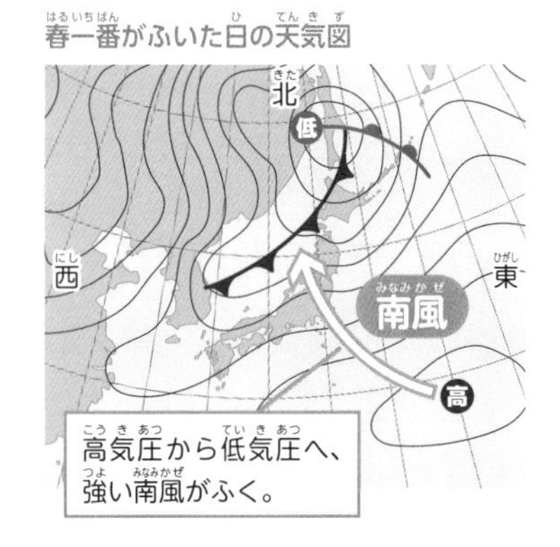

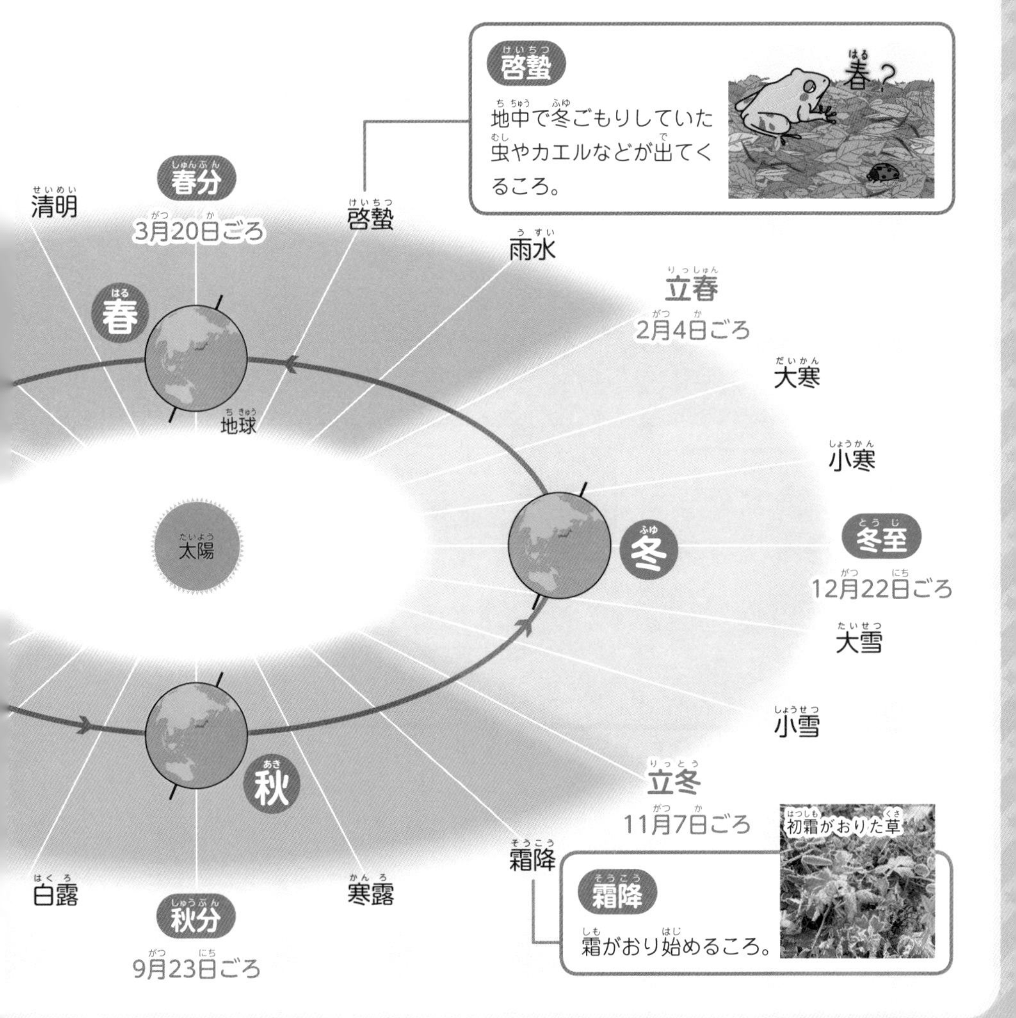

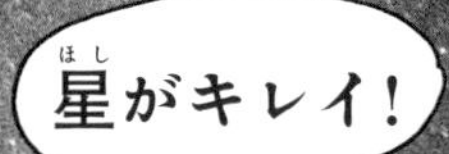

星がキレイ!

ホント…
私たちの町とは
全然ちがう

都会の夜は明るいからね
3等星くらいまでなら
見えるかな
?
それ何?

星は地球から
見える明るさの順に
わけられているんだ
1番明るいのは
1等星
エヘヘ
町でも
ぼくなら
見えるかも
町では
ムリかな
1等星
2等星
3等星
4等星
5等星
6等星

星は明るさだけじゃ
なくて色も様々だよ
そういえば
あの星
なんか赤い…

あれは「さそり座」の
1等星アンタレス
さそりの赤い心臓さ
おおっ

ええっ
アンタレスはね
もうずいぶん
お年寄り
なんだよ
星も年を
とるの!?
もちろん!! 星は星雲から
生まれて様々な一生を
送るんだよ
例えば太陽くらいの大きさの
星の場合、若い時は青白く輝き、
年をとるとだんだん
赤くなってくるんだ
バブー
星雲で誕生
あっついぜーっ やってやるぜー!!
青白く輝く
青春時代
高い
(青白い)
星の表面温度
低い
(赤い)
人間も
若い時って
熱いよね〜
まだまだ
かがやけるぞ!!
黄色の
大人時代
太陽は人間だと
40才くらい
なんだって!!
それは星の
温度がだんだん
下がってくる
からなんだよ
赤い
お年寄り時代
やれやれ
ヤングは
あついの〜
※例外もあります

星の最期もそれぞれなんだ…
ある星は小さく縮み、ある星は大爆発を起こして
終わっていくのさ
太陽くらいの星
どんどんふくらむ
白色矮星
やがて
小さく縮んだ
重い星になる
太陽よりずっと
大きい星
大爆発
中性子星
小さく縮んだ
めちゃくちゃ
重い星になる
ブラックホール
まわりの物を
吸いこむ
とんでもなく
重い星になる
ブラックホールに
なっちゃう星が
あるなんて!!
で…でも
スケール
大きすぎて
ピンとこないな

そう？　宙くんのママも
星の最期のカケラを
持っていると
思うんだけどなァ
ええ？　ママが!?
ガーン
いつのまに!?

金や銀などの重い金属は
大爆発した星が縮んでできた
中性子星という星が
ぶつかってできたものなんだ
それはね
「金」だよ
ドカァァァン
中性子星
できた金の破片は宇宙に飛び散り、
地球ができるときにまざったのさ
金はもともと地球にある金属では
ないんだよ
その通り！
星は夜空も人間も
美しくかざって
くれるのさ！
フッ
宇宙ってスゴーいっ！
じゃあ金は
星のカケラで宇宙から
来たってこと!?

星の明るさと色

夜空にはたくさんの星が光っているけれど、その明るさや色は、ひとつひとつちがうんだ。星の個性に注目して、夜空を見上げてみよう。

星の明るさ

星には、いろいろな明るさのものがあります。

明るさの分け方

星は、明るい順に1等星、2等星、3等星…と分けられています。

暗い ← → 明るい

6等星 5等星 4等星 3等星 2等星 1等星

2.5倍 2.5倍 2.5倍 2.5倍 2.5倍

1等星は6等星の
$2.5 \times 2.5 \times 2.5 \times 2.5 \times 2.5 = 97.65\cdots$ →約100倍明るい

富士山の山頂。高い山の上は平地より日の出が早いよ。

- 1等星は21個あり、それぞれ名前がついている。
- 空が暗いところでは、肉眼で6等星くらいまでの明るさの星を見ることができる。

熱さ対決

星の色

星には、いろいろな色があります。

確認しよう

星座

星をいくつかのまとまりに分けて、いろいろな動物や道具などに見立てて名前をつけたものを星座といいます。

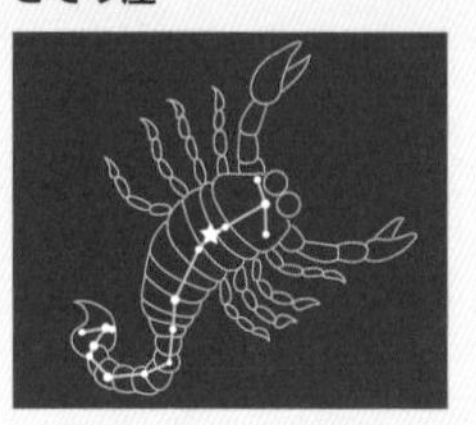

巻末ふろくの星座早見表を使って実際に星座を見つけてみよう！

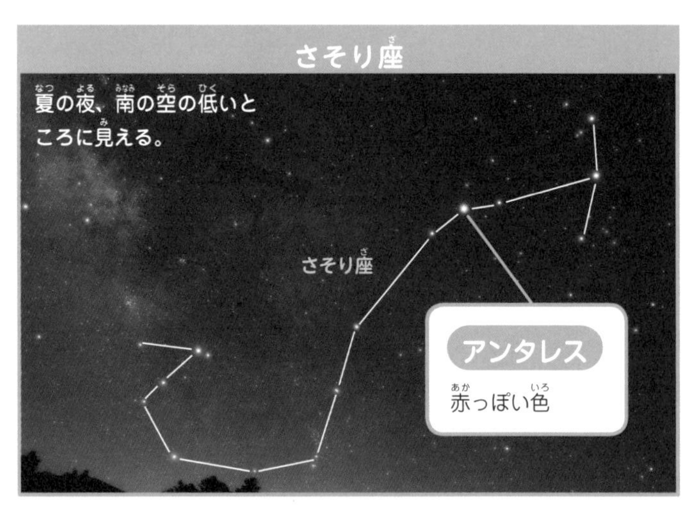

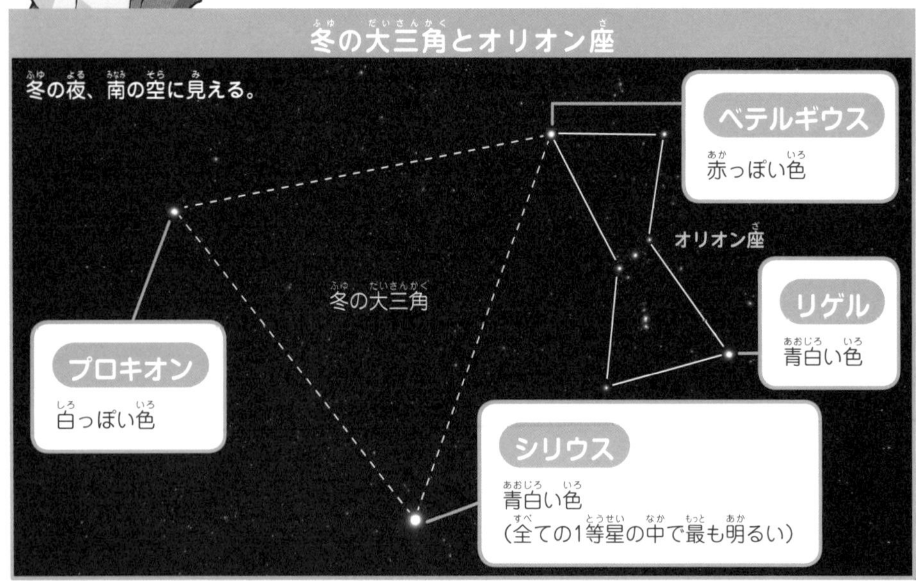

−12.7等星。1等星のシリウスの約３万倍の明るさ。

星の色と表面温度

星の色は、星の表面の温度によって決まります。

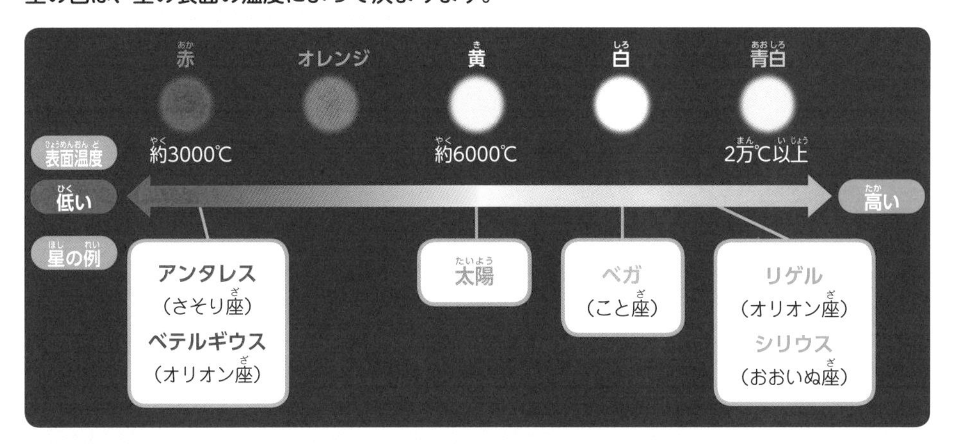

まめちしき

星の明るさはどうしてちがうの？

星の色は表面の温度によって決まっているけれど、星の明るさは、星そのものの明るさや地球からのきょりなどの条件が組み合わさって決まるよ。
星の明るさが同じだったら、きょりが近い星ほど明るく見えるよ。

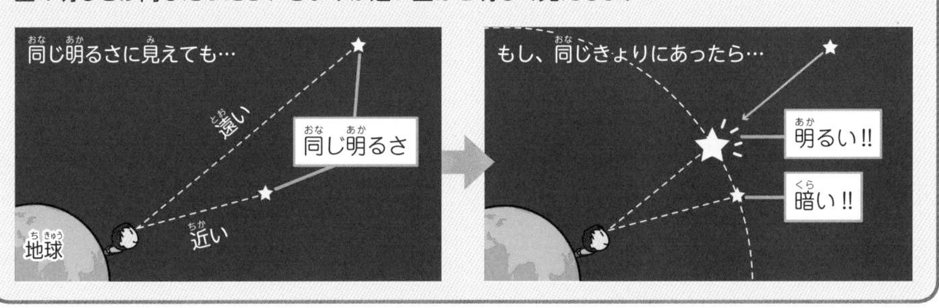

まとめ

- 星の明るさは星によってちがい、明るい順に、1等星、2等星、3等星……と分けられている。
- 星の色は星の表面の温度によって決まり、赤い星は表面の温度が低く、青白い星は表面の温度が高い。

クイズ22　アンタレスがよくまちがえられる星は？

南の星(夏の星・冬の星)

昼は太陽がかがやく南の空。夜にはどんな星が見えるかな。南の空に見える代表的な星を見てみよう。明るい1等星は、街中でも見つけやすいよ。

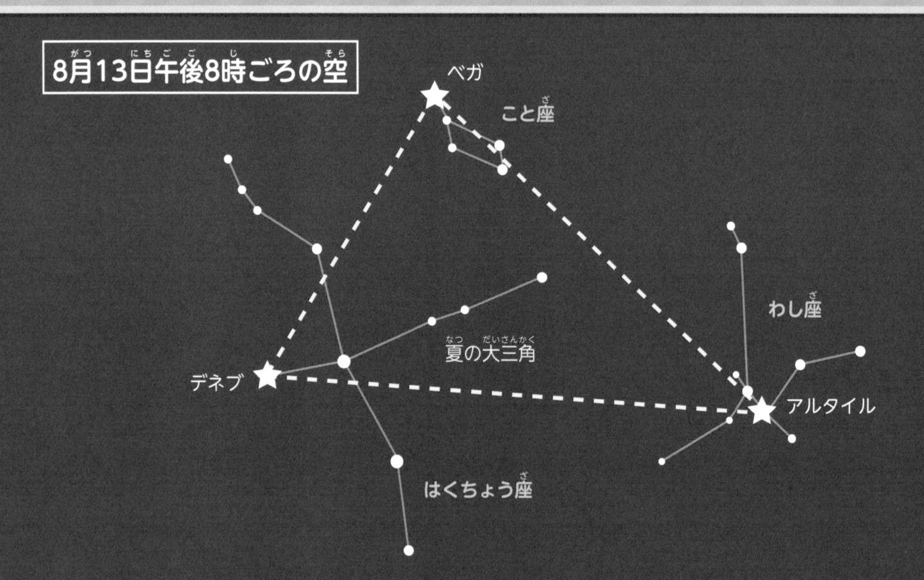

夏の星と星座

夏、空の高いところには、夏の大三角が見え、低いところにはさそり座が見えます。

夏の大三角

はくちょう座のデネブ、わし座のアルタイル、こと座のベガの3つの1等星を結んでできる三角形を**夏の大三角**といいます。

夏の大三角は、頭の真上に近いところに見えるんだね。

東

火星。どちらも赤く明るいのでまちがえられやすい。

織姫と彦星

まめちしき

夏の大三角と七夕

おりひめとひこぼしが1年に1度、天の川をわたって会う七夕の伝説。おりひめはベガ、ひこぼしはアルタイルのことだよ。伝説の通り、ベガとアルタイルの間には天の川があるんだ。天の川の方向にはたくさんの星があって、無数の星の集まりが光の川のように見えるんだよ。

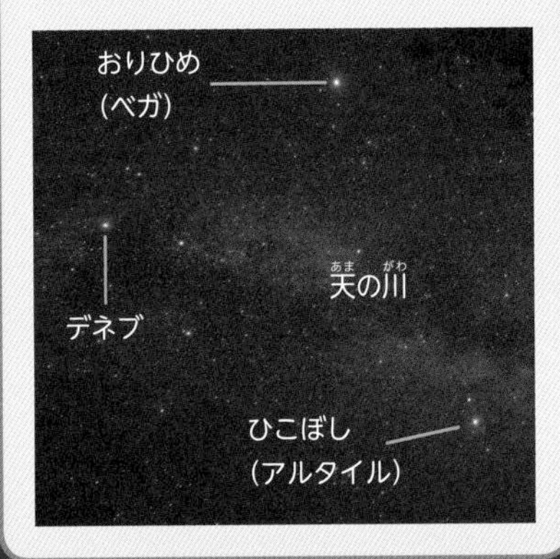

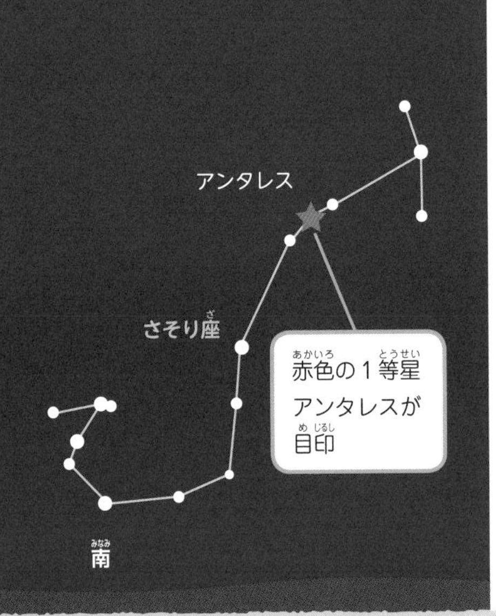

冬の星座

冬の南の空には、冬の大三角をつくる星座が見えます。

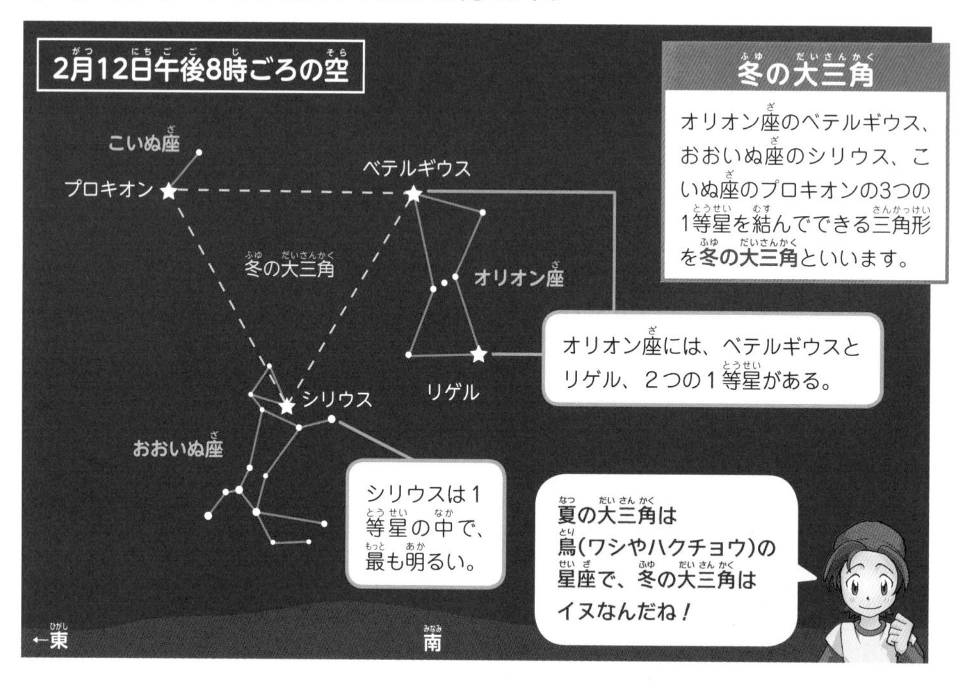

春や秋の星座

春は、おとめ座のスピカやうしかい座のアークトゥルスなどの1等星が見られます。秋は明るい星が少なく、2等星などでできたペガスス座やアンドロメダ座などが見えます。

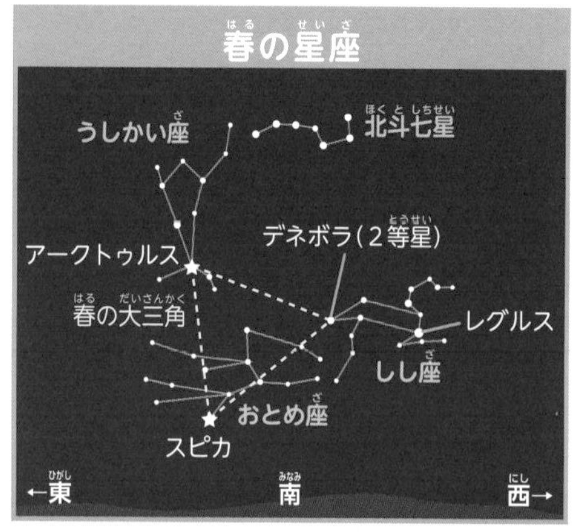

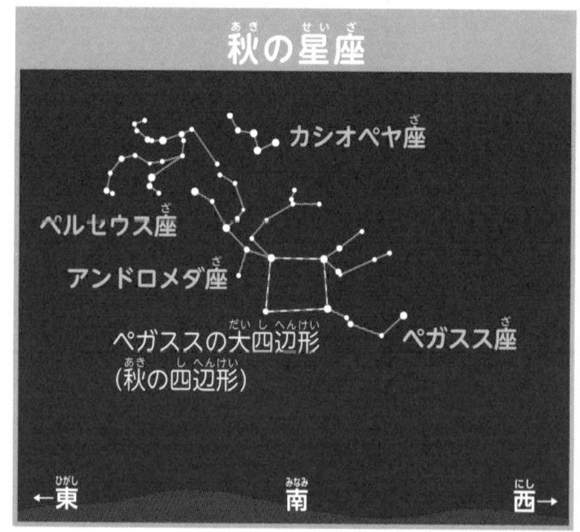

クイズ23の答え しっぽ。デネブとは、アラビア語で「しっぽ」の意味。

南の空の星の１日の動き

南の空の星の１日の動きを観察すると、東→南→西へと動いていきます。

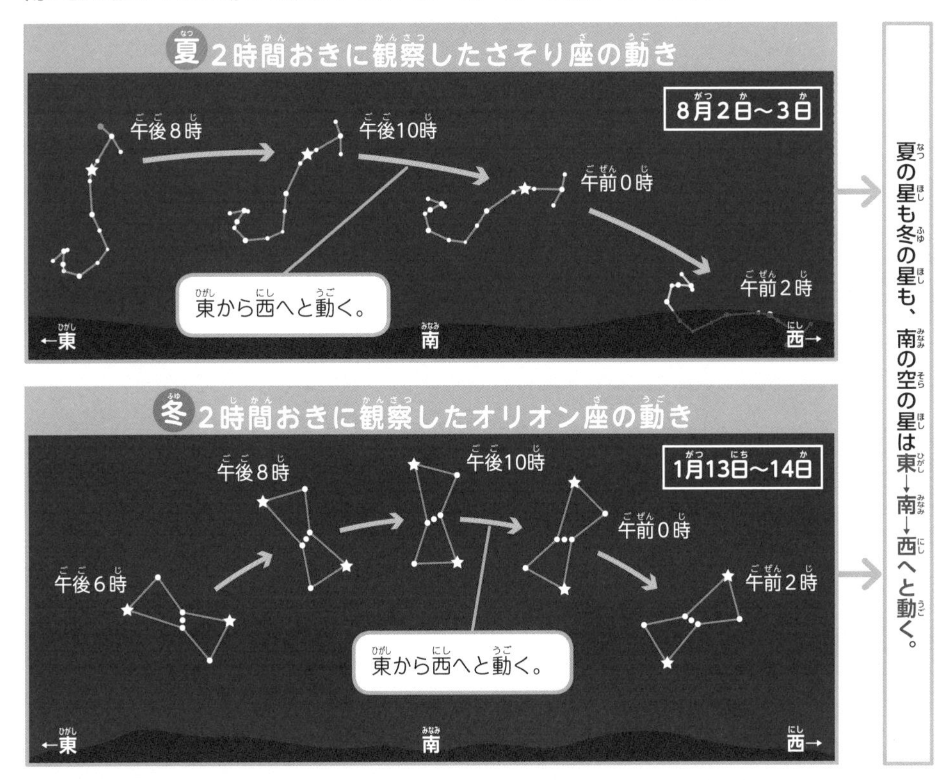

まめちしき

さそりがこわいオリオン

星座のもとになった神話では、暴れ者のオリオンは、毒サソリに刺されて死んでしまうんだ。オリオンは、星座になってもサソリをおそれていて、さそり座が出ている夏には姿を現さないんだよ。

- 季節によって、見える星座はちがう。
- 南の空の星は、東からのぼり、南の空を通って西にしずむ。

北の星

きみは北極星を見つけたことがあるかな。北極星とそのまわりに見える北斗七星やカシオペヤ座について調べて、北極星を探してみよう！

北の星と星座

真北の方向の空には、北極星が見えます。北極星のまわりには、北斗七星やカシオペヤ座が見えます。

北極星

2等星で、つねに真北に見える。

北斗七星

北斗七星やカシオペヤ座は2等星が中心で、1等星はふくまれないよ。

カシオペヤ座はアルファベットのWのような形をしているね。

←西

北

和楽器の「つづみ」。つづみ星と呼ばれていた。

確認しよう

北斗七星とおおぐま座、
北極星とこぐま座

北斗七星はおおぐま座、北極星はこぐま座という星座の一部だよ。

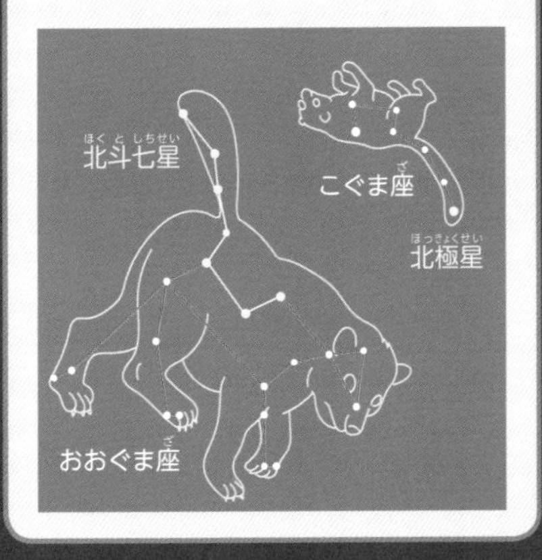

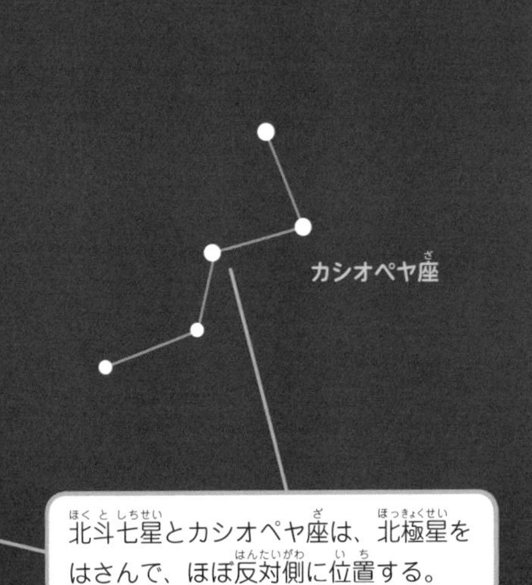

東→

しっぽ

北極星の見つけ方

北斗七星やカシオペヤ座を利用すると、北極星を見つけることができます。

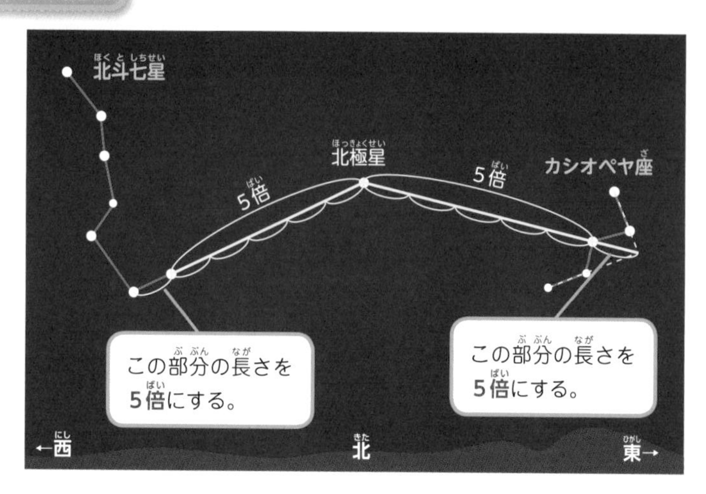

巻末の星座早見表を使って、実際に見つけてみよう！

北の空の星の１日の動き

北の空の星の１日の動きを観察すると、北極星を中心に、東から西へと反時計回りに動いていきます。北極星は動きません。

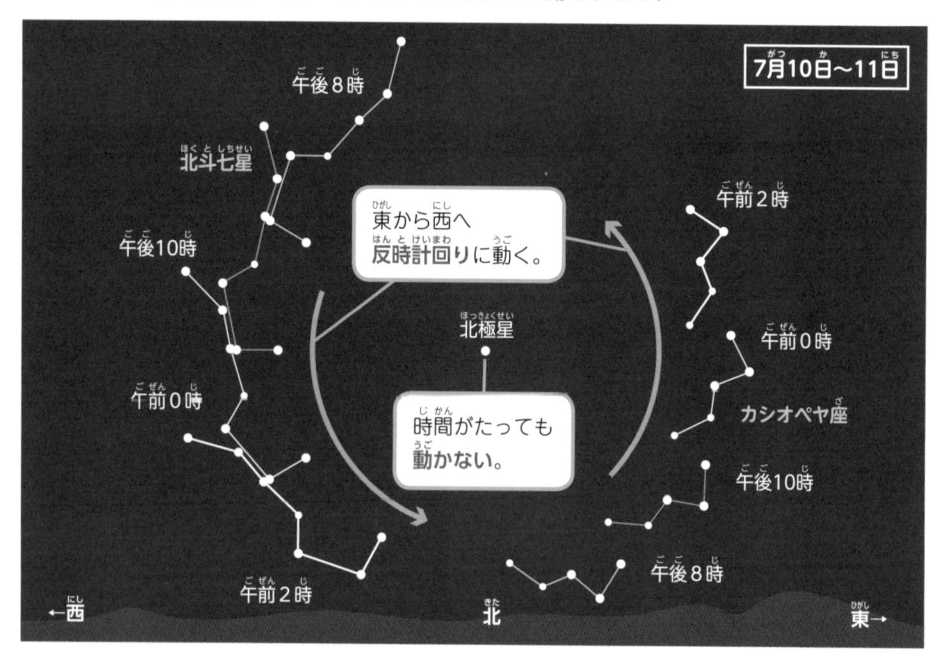

クイズ25の答え　水をくむ「ひしゃく」。ひしゃく星と呼ばれていた。

北の空の星の動き

まめちしき

北極星はどうして動かないの？

北極星は、地軸をはるかかなたまでまっすぐのばした方向にあるんだ。地球は地軸を中心に回っているから、地軸の先にある北極星は回転の中心にあって動かないんだよ。

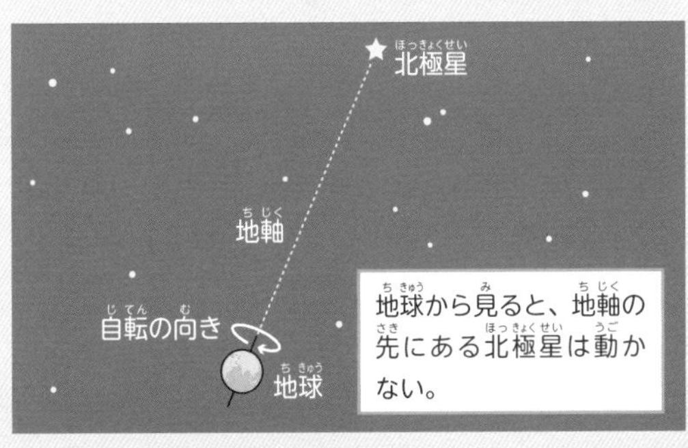

まとめ

北の空の星は、北極星のまわりを回るように、東から西へと反時計回りに動いている。

クイズ26 遠い未来、北極星になる星は、ベガ、アルタイル、デネブのどれ？

星の1日の動き

空全体の星の動きをつなげると、どうなっているのかな。
星の1日の動きについて見ていこう。

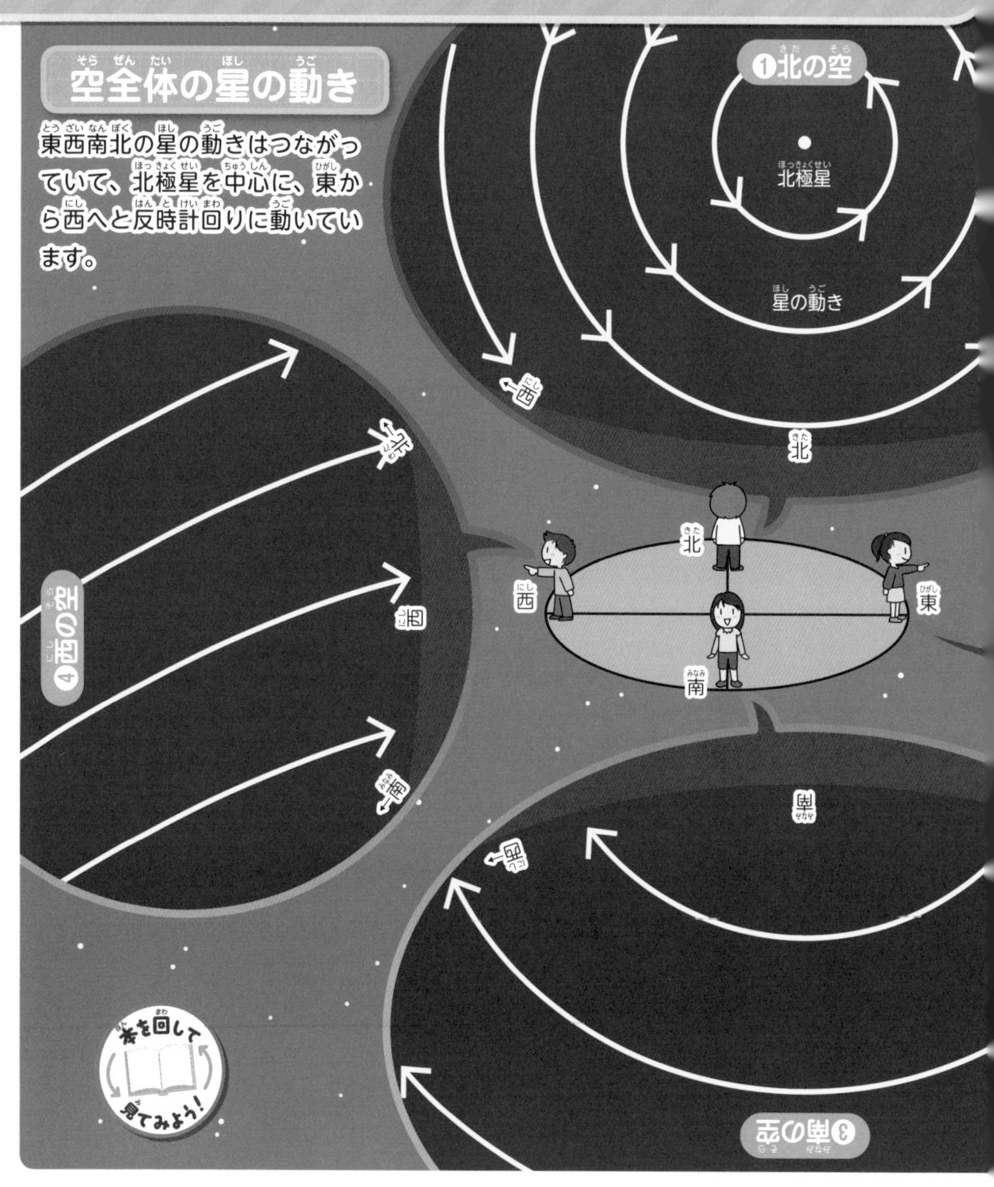

ベガ。地軸の向きが変わり、約1万2千年後に北極星になる。

天球上の星の動き

北極星
星の動き
地軸
西
南
北
東

天球の中心から空を見ると…

北
東
南

❷東の空

❷→❸→❹の順に見ると、東から南の空を通って西へと動く星の動きがわかるね。

反時計回り

星の動く角度

星は1日で東から西へ空をほぼ1周して、もとの位置にもどります。

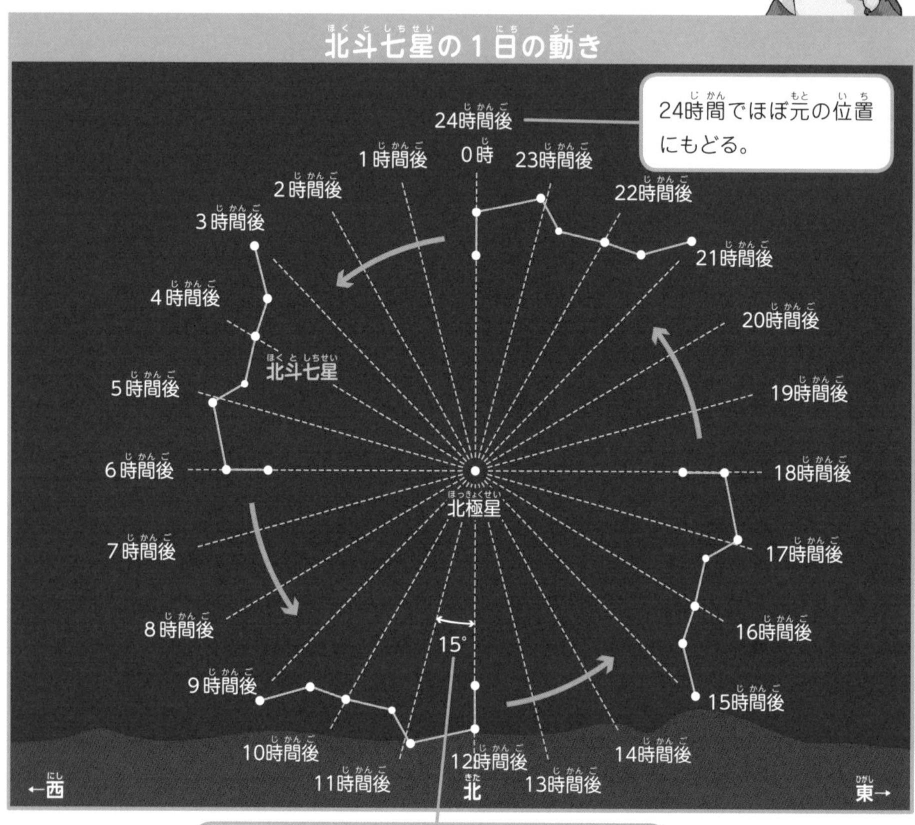

24時間で360°動くので、1時間に動く角度は…
360°÷24＝15°

まめちしき

北極星の高さはその土地の緯度

北極星の高さは、その土地の緯度と等しいんだ。だから、緯度の低い南ほど低く、緯度の高い北へ行くほど高くなるよ。昔の人は、真北に見える北極星の方向と高さをたよりに旅をしたんだ。

すい星（ほうき星）が出したちりなど。

星の1日の動きと地球の自転

実際に星は動かないけれども、地球は1日に1回自転しているので、地球上の人からは、星が1日に1回空を回っているように見えます。

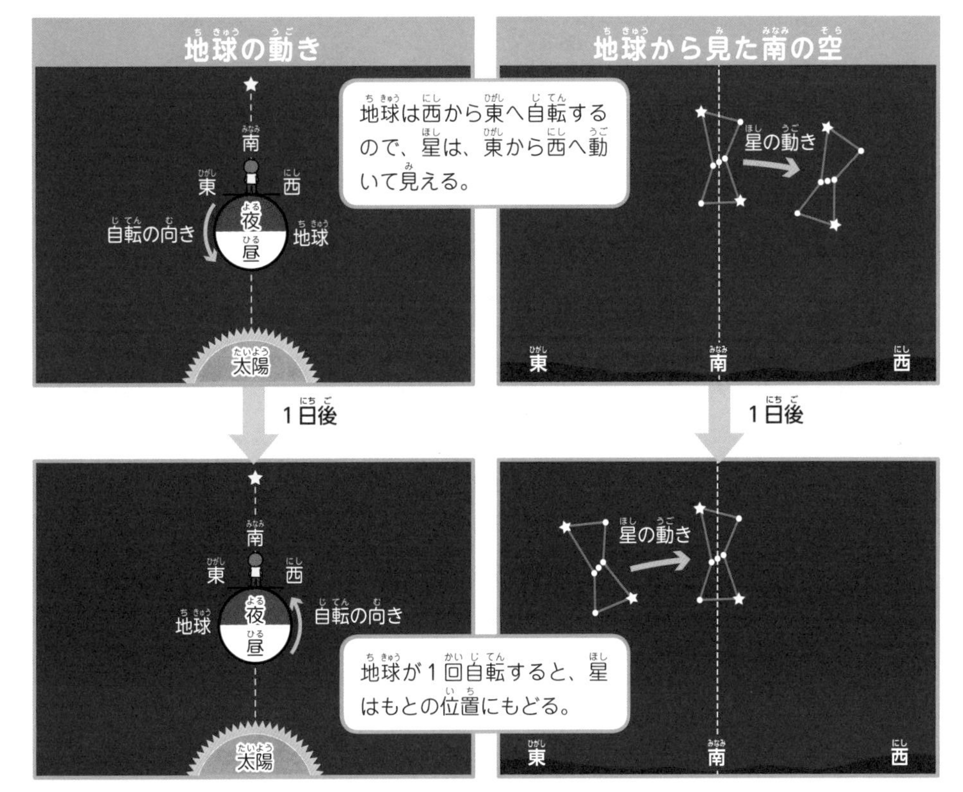

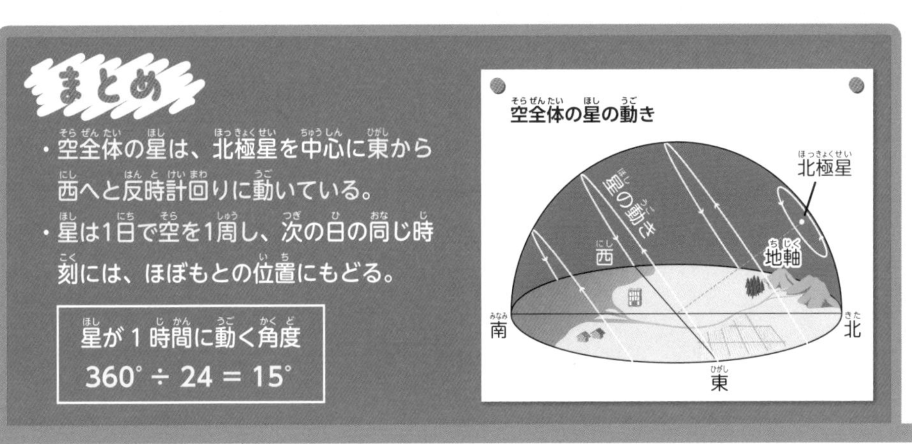

星の1年の動き

毎日同じ時刻に星を観察すると、見える星や星の位置はどのように変わっていくかな。星の動く向きや角度について見ていこう。

地球の公転と南の空の星の変化

地球が太陽のまわりを公転すると、真夜中に見える星の方向が変わり、見える星が変化します。

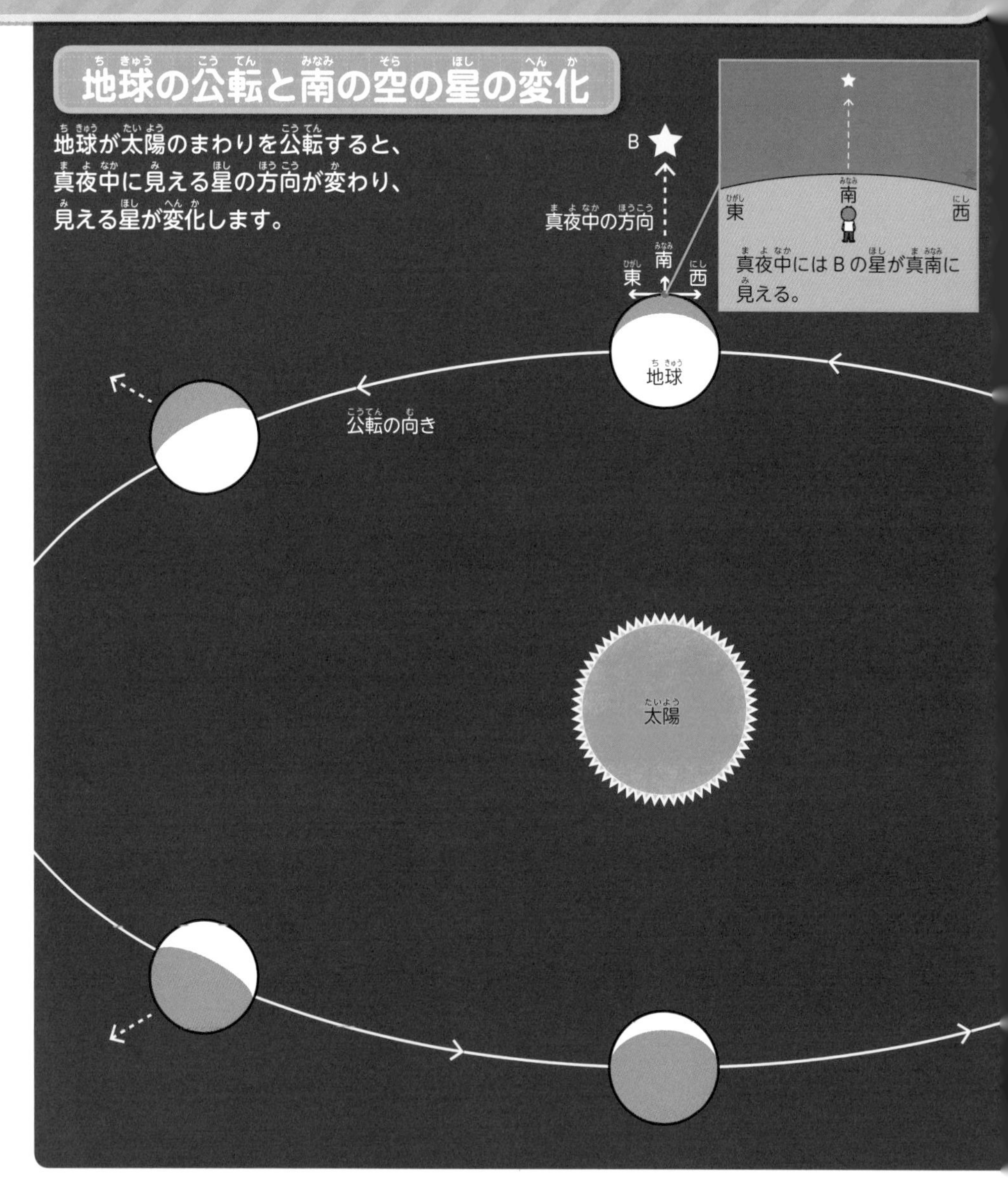

クイズ28の答え 1㎜から数㎝。地球に落ちてくるときに燃えて流れ星になる。

地球が動くと、
夜の位置から
見える星の方向が
変わっていくのね！

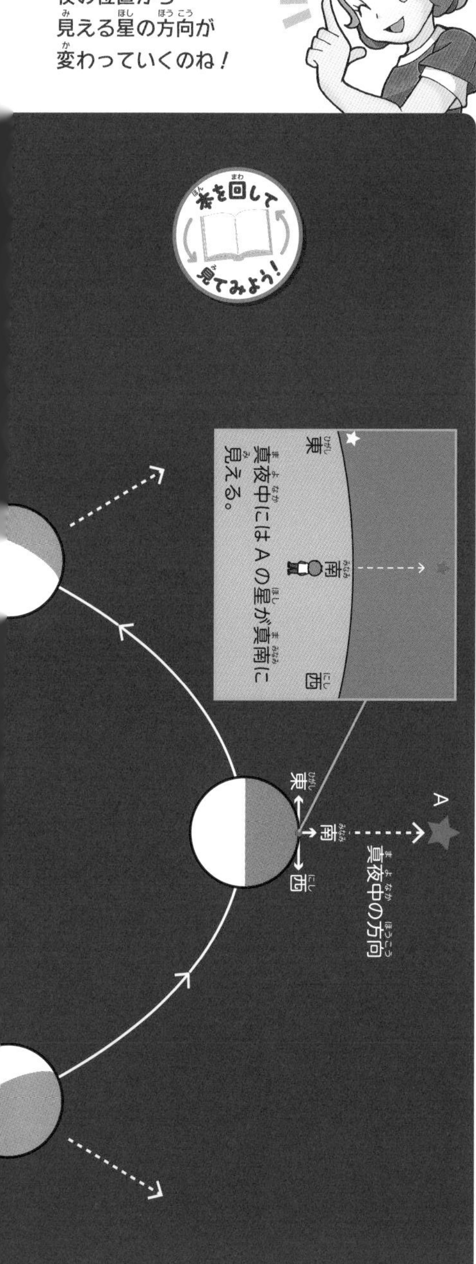

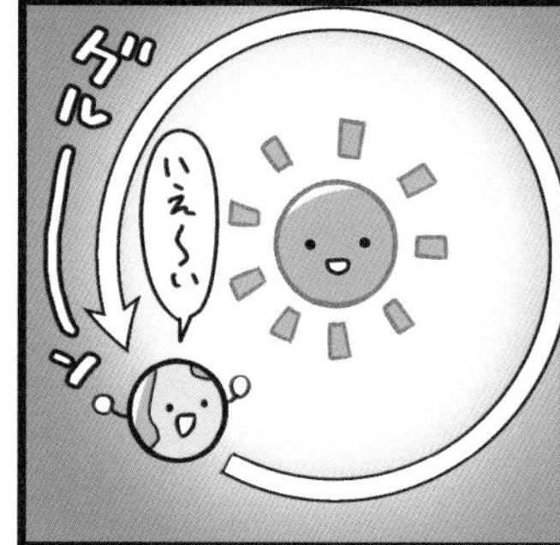

南の空の星の1か月ごとの動き

1か月おきに南の空の星を観察すると、東→南→西へと時計回りに動いていきます。

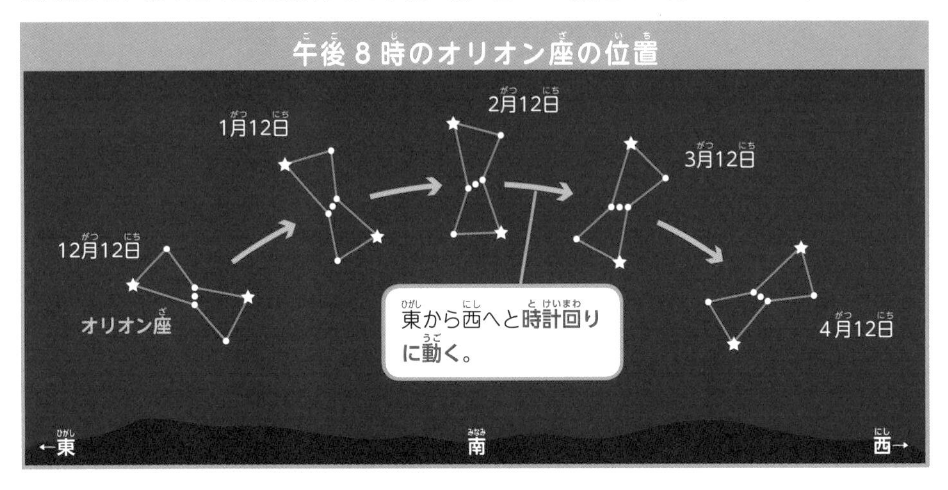

北の空の星の1か月ごとの動き

1か月おきに北の空の星を観察すると、北極星を中心に、東から西へと反時計回りに動いていきます。北極星は動きません。

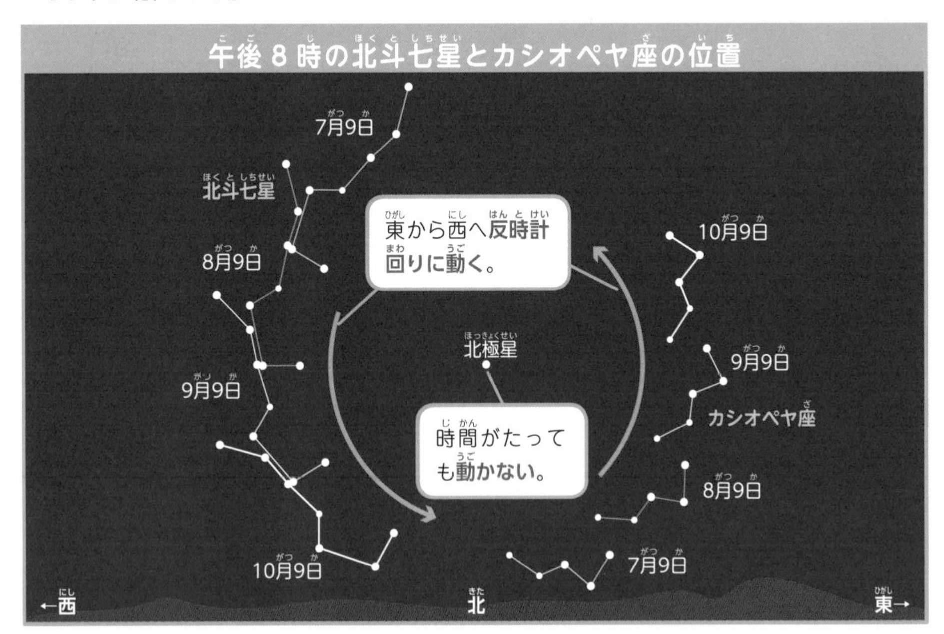

クイズ29の答え　天の川の方向に天の川銀河の星が集まっているから。

星の動く角度

星は1年で空を1周して、もとの位置にもどります。

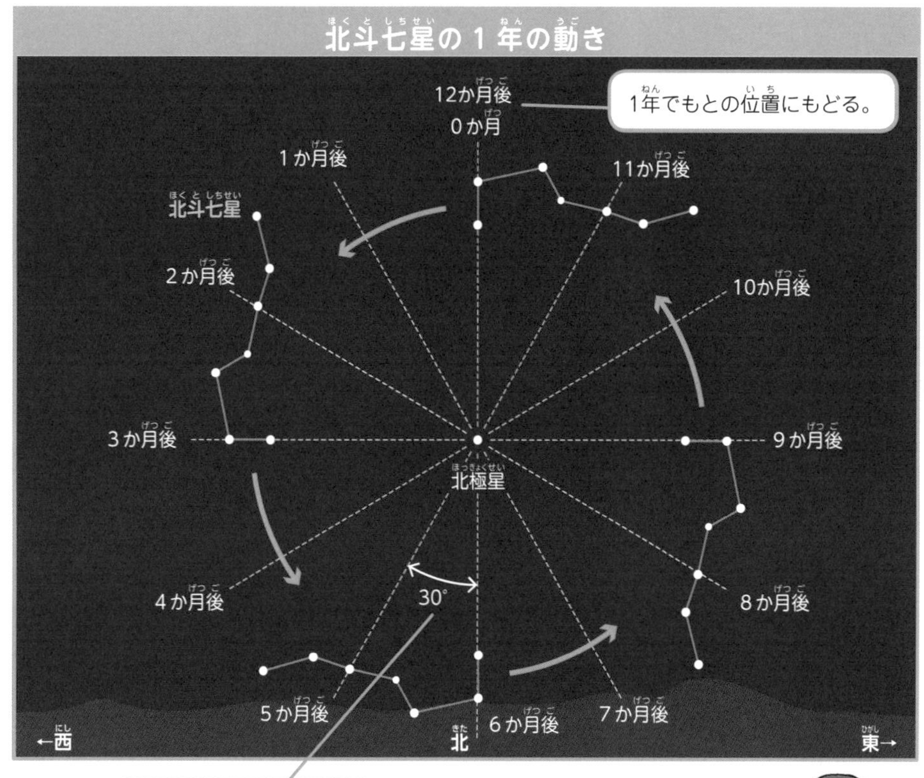

12か月で360°動くので、
1か月に動く角度は…
360°÷12＝30°

星の1日の動きも、1年の動きも、
東から西へ回るように
動くところは同じだね。

まとめ

- 1年間同じ時刻に観察を続けると、空全体の星は、北極星を中心に東から西へと反時計回りに動いている。
- 星は1年で空を1周し、1年後の同じ時刻には、もとの位置にもどる。

星が1か月に動く角度
360°÷12＝30°

地球・太陽と季節の星座

夏にはさそり座、冬にはオリオン座と、1年の間に見える星座が変化するのはどうしてかな。地球と太陽の関係に注目して見ていこう。

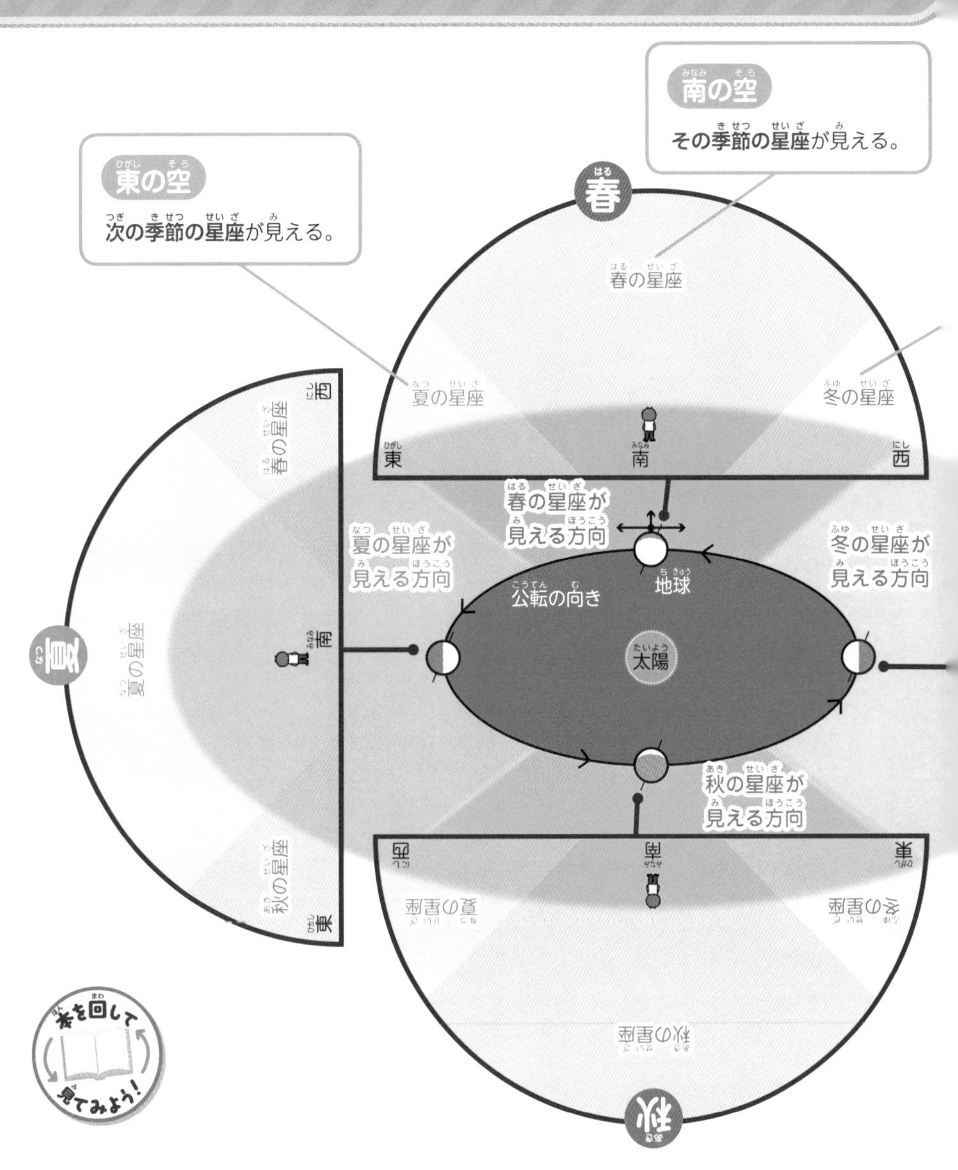

全部ある。じょうぎ座とコンパス座は、日本からはほぼ見えない。

季節の星座と方位

真夜中の南の空には、その季節の星座が見えます。東の空には次の季節の星座が、西の空には前の季節の星座が見えます。

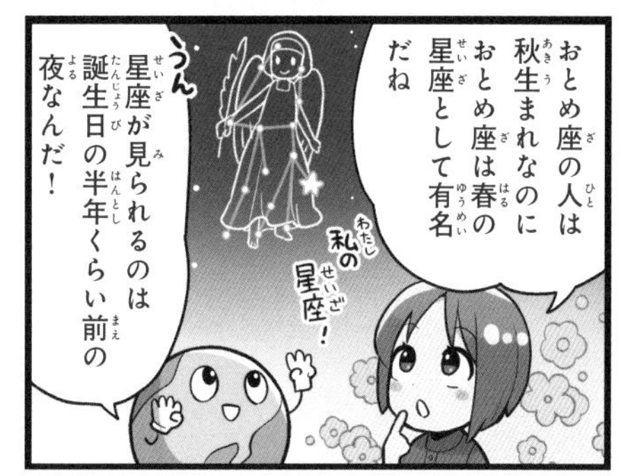

西の空

前の季節の星座が見える。

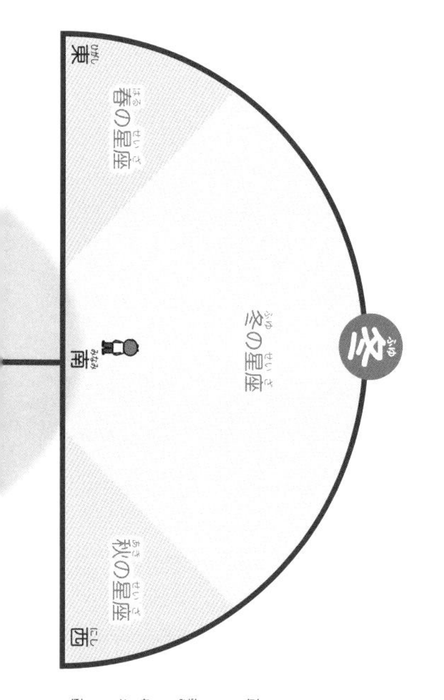

星の位置は東から西へと動いていくから、東には次の季節の星、西には前の季節の星が見えるんだよ。

公転面にある星座の見え方

公転面※にある星座は、太陽と同じ通り道を通ります。

※公転面については59ページを見よう！

- 太陽と同じ方向にあるふたご座は見えない。
- 太陽と反対方向にあるいて座は真夜中に南中する。

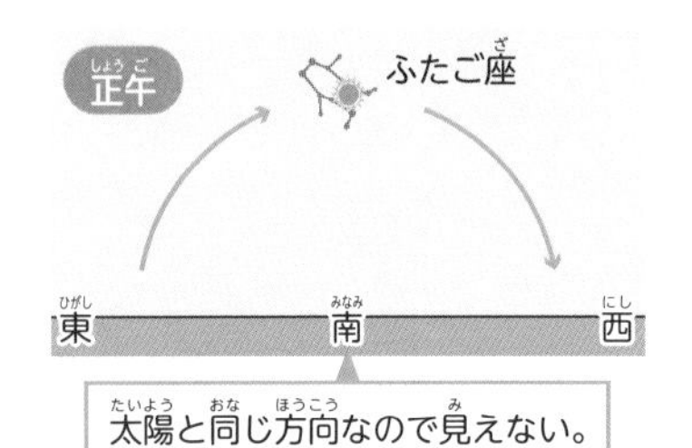

太陽と同じ方向なので見えない。

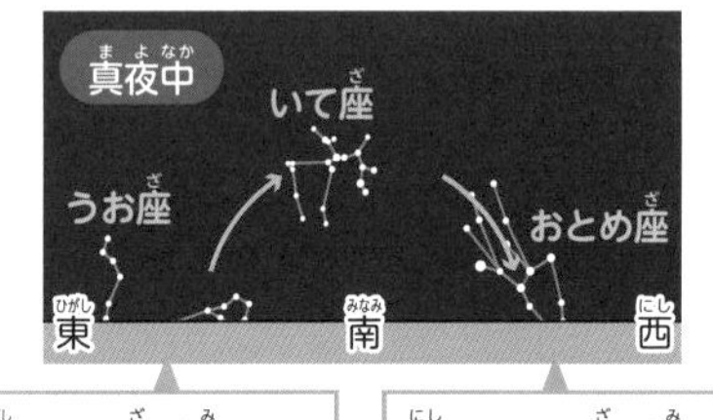

東にうお座が見える。

西におとめ座が見える。

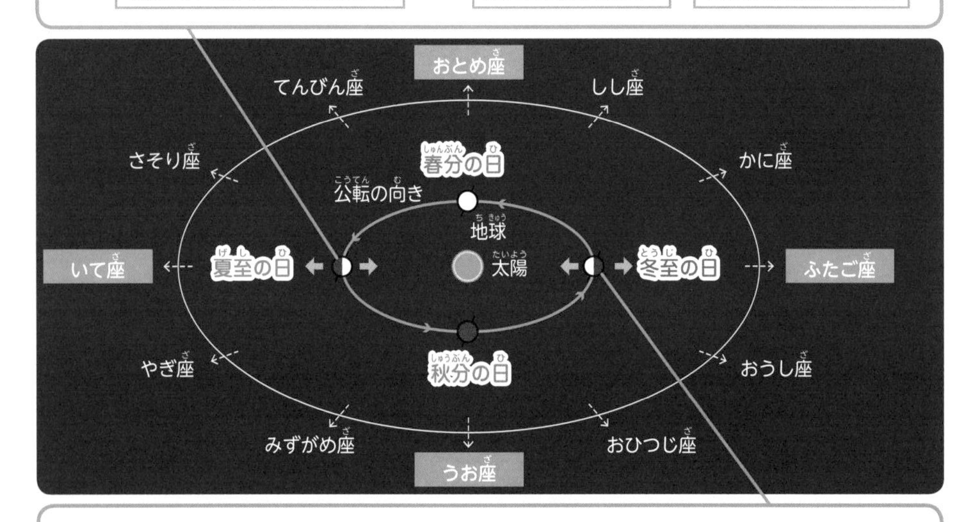

冬至の日

- 太陽と同じ方向にあるいて座は見えない。
- 太陽と反対方向にあるふたご座は真夜中に南中する。

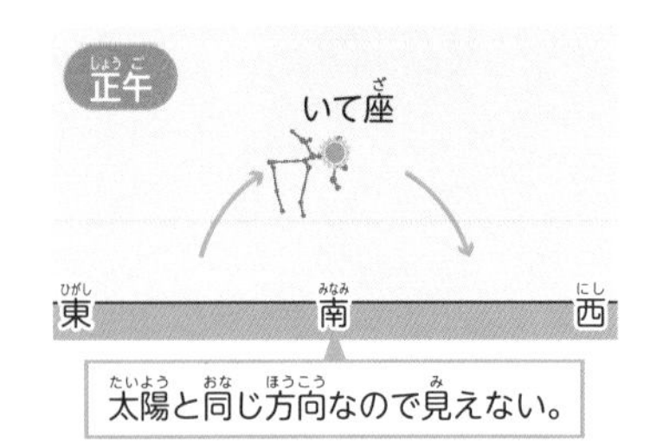

太陽と同じ方向なので見えない。

東におとめ座が見える。

西にうお座が見える。

クイズ31の答え　約138億才。太陽や地球は46億才。

まめちしき

星うらないと太陽

左ページの公転面にある12の星座は、「星うらない」に出てくる星座だよ。星うらないでは、「生まれたとき太陽と同じ方向にあった星座」がその人の星座になるんだ。だから、うお座の人は春生まれだけど、春にうお座を見ることはできないんだよ。

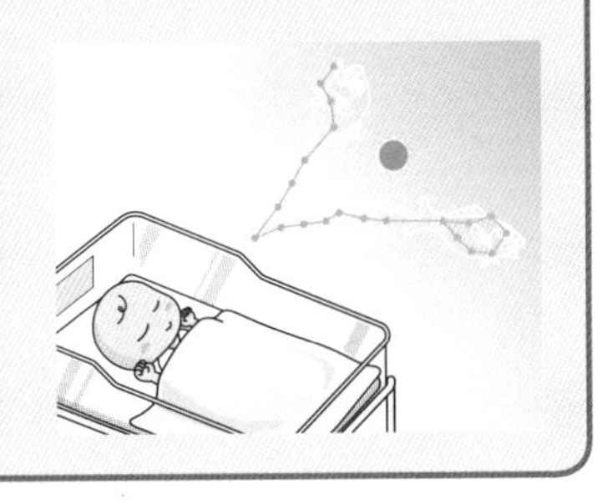

季節と太陽・星座

太陽の通り道は季節によって変わりますが、星の通り道は1年を通して変わりません。

太陽の動き

太陽は、季節によって通り道が変わります。

星の動き

星は、いつも空の同じ道すじを通っていますが、季節によって現れる時刻が変わります。

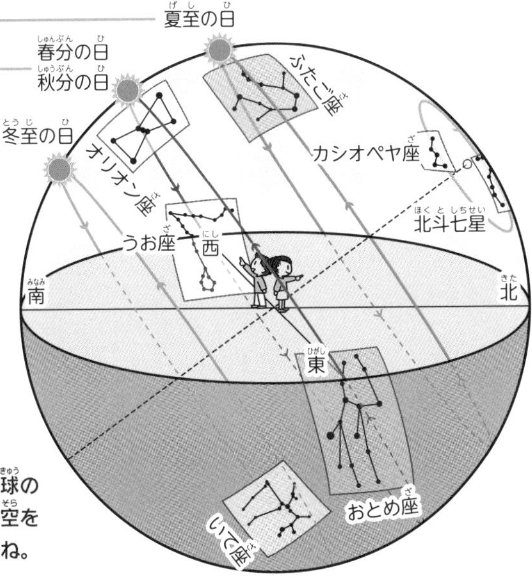

星や星座は、いつも天球の同じ場所にはりついて空を回っているイメージだね。

まとめ

- 地球は太陽のまわりを公転しているので、季節によって夜の方向が変わり、見える星座が変わっていく。
- 太陽と同じ方向にある星座は見ることができず、太陽と反対方向にある星座は真夜中に南中する。

クイズ32 昼間にも星を見ることはできる？(→答えは、116ページ)

3章 おさらい問題

1 夏の夜空に見える星です。次の問題に答えましょう。

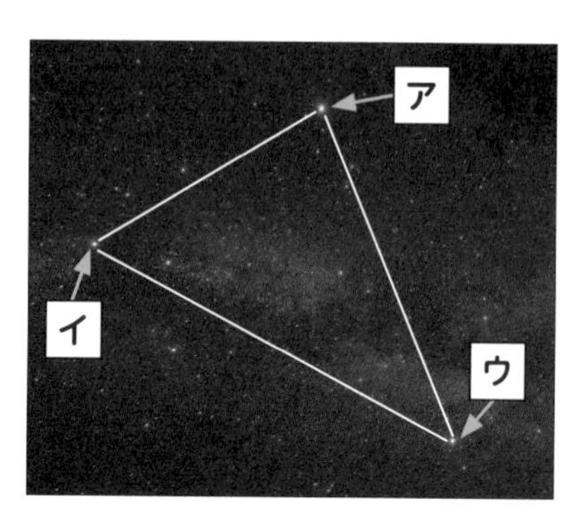

(1)アはこと座、イははくちょう座、ウはわし座の1等星です。それぞれの星の名前を(　)に書きましょう。

ア(　　　　　　)…こと座

イ(　　　　　　)…はくちょう座

ウ(　　　　　　)…わし座

(2)ア・イ・ウの星を結んでできる三角を、何というでしょう。(　)に書きましょう。

(　　　　　　)

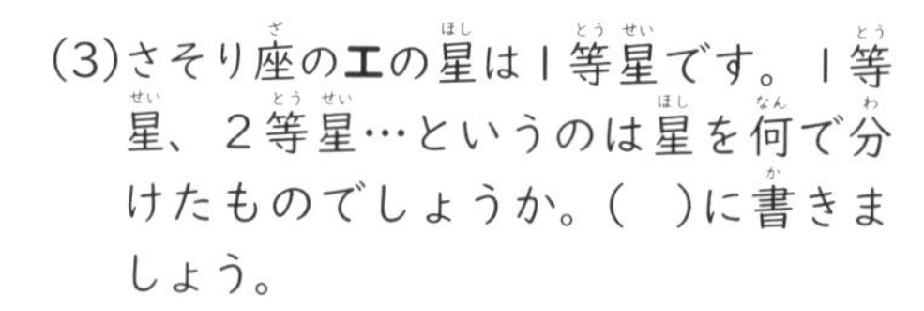

(3)さそり座のエの星は1等星です。1等星、2等星…というのは星を何で分けたものでしょうか。(　)に書きましょう。

(　　　　　　)

(4)エの星の名前を書きましょう。

(　　　　　　)

2 冬の夜空に見える星です。次の問題に答えましょう。

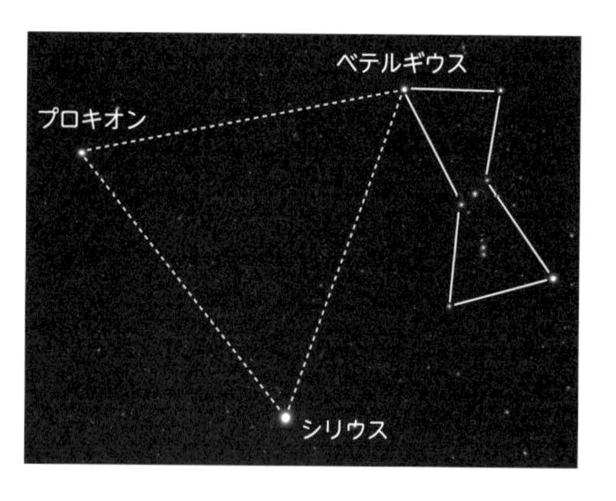

(1)ベテルギウス、プロキオン、シリウスの3つの星を結んでできる三角形を何というでしょうか。(　)に書きましょう。

(　　　　　　)

(2)冬の夜に見えるシリウスは、何という星座の星でしょうか。(　)に書きましょう。

(　　　　　　)

3 オリオン座の様子を観察カードに書きました。次の問題に答えましょう。

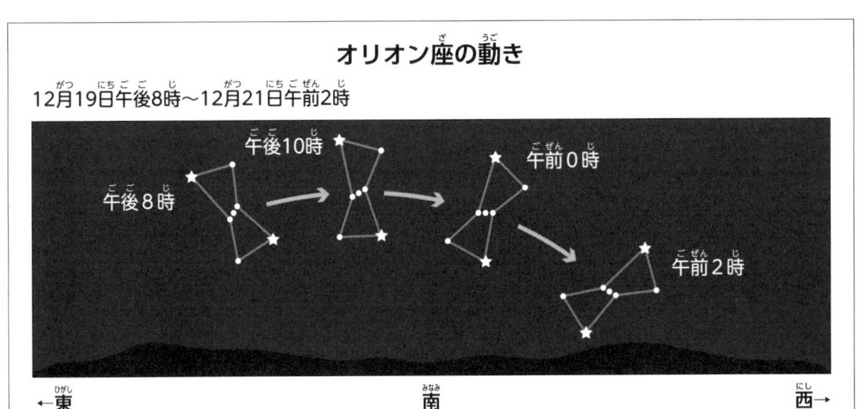

(1)12月19日午後8時ごろ東の空に見えたオリオン座は、その後どちらの方向へ動いたでしょう。

東から(　　　)の空を通り、(　　　)へ動いた。

(2)オリオン座の星のならび方は、変わりましたか。(　　　　　　　)

4 9月9日の午後7時と午後9時に北の空に見えていた同じ星座をスケッチすると、下の図のようになりました。次の問題に答えましょう。

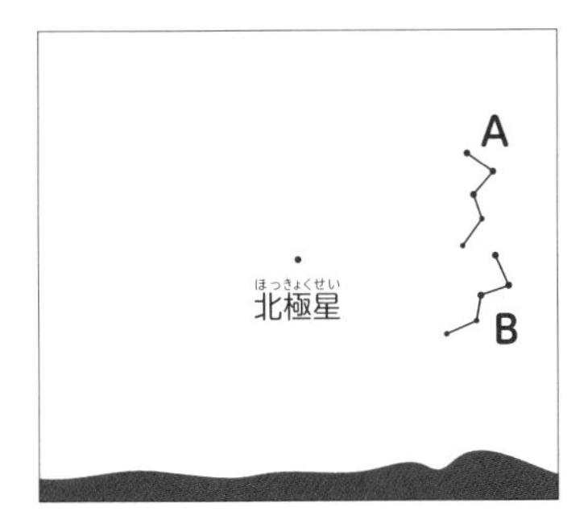

(1)スケッチした星座は何ですか。
(　)に書きましょう。

(　　　　　　　)

(2)午後9時にスケッチしたのは A・B のどちらですか。(　)に書きましょう。

(　　)

答え ※裏返して確認しましょう。

1 (1)ア…ベガ、イ…デネブ、ウ…アルタイル
(2)夏の大三角　(3)星の明るさ　(4)アンタレス

2 (1)冬の大三角　(2)おおいぬ座

3 (1)南、西
(2)変わらなかった

4 (1)カシオペヤ座　(2)A

チャレンジ！

宇宙食を考えよう！

国際宇宙ステーション（ISS）にいる宇宙飛行士の人は、宇宙でどんなものを食べているのかな？　宇宙食に必要な条件を考えて、宇宙食のメニューを考えてみよう！

地上のような重力（地球に引っぱられる力）がはたらかない無重力の状態なので、人やものがふわふわとういてしまう。

国際宇宙ステーションと地球

国際宇宙ステーションの中のようす

オリジナル宇宙食を考えよう！

宇宙食の❶～❹の条件をもとに、宇宙食のメニューを考えて表に書いてみよう。

	主食（ごはん、パスタなど）
メニュー名	
工夫	

きみの好きな食べ物にどんな工夫をしたら、宇宙で食べやすいかを考えてみよう！

宇宙食に必要な条件は？

❶ 液体がこぼれないこと

こぼれた液体が機械に入るとこわれてしまうから飲み物はストローで飲み、食べ物はとろみをつけるよ。

❷ 飛びちりにくいこと

大きなおせんべいのように、かじると粉がこぼれて、まわりに広がってしまうものはダメだよ！

宇宙食のラーメン

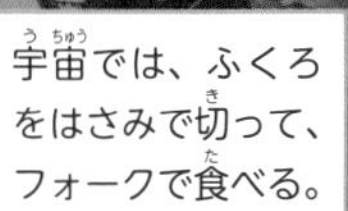

宇宙では、ふくろをはさみで切って、フォークで食べる。

ラーメンを食べる宇宙飛行士

❸ 味つけはこいめ

宇宙では味覚がにぶくなるから、味つけがこくなっているよ。

❹ 長期間保存できること

宇宙船がISSにものを運ぶのは数か月おきなので、レトルトパウチやかんづめなど、常温で長期間保存ができるようになっているよ。

さけのおにぎり

湯でもどして食べる。

さばのみそに

あたためて食べる。

かきの種

そのまま食べる。

おかず 1	おかず 2

考えた宇宙食を、実際に作って食べてみると、発見がありそうね！

コラム

宇宙の広さはどのくらい？

地球から太陽までのきょりは、約149600000km、
地球から最も近い恒星、ケンタウルス座アルファ星までのきょりは、
約40678000000000km、
星までのきょりを「キロメートル」で表すのは大変だね。
星までのきょりは、光が1年で進むきょり「光年」で表すよ。

光が１秒間に進むきょり30万 km

光は、１秒間に地球を７周半する速さで進むよ。

光が1年間に進む速さ

9兆4600億 km
このきょりを、1光年というよ。

地球

地球に最も近い恒星
ケンタウルス座アルファ星
までのきょり4.3光年

太陽までのきょり0.00001581光年
光が届くまでにかかる時間は約８分。

よくわかっていないけど…

宇宙の果てまでのきょり465億光年以上？

宇宙ここまで

天の川銀河のおとなりさん

アンドロメダ銀河までのきょり230万光年

太陽系をふくむ、星の集まり

天の川銀河の直径までのきょり10万光年

地球から最も明るく見える恒星

おおいぬ座シリウスまでのきょり8.7光年

まめちしき

1977年に打ち上げられた探査機、ボイジャー１号は、打ち上げから40年以上経った今も宇宙を旅し続けているよ。地球から200億 km 以上はなれたところにいるけれど、それでもまだ、光の速さでは１日もかからないきょりなんだ。

おはよう!!
今日は2人の
見たいモノを
見つけに行こう!!

ぼく本で読んだ
「大岩」っていう所に
行きたいんです
おっ　あそこは
大きな岩石があって
おもしろい所だよ
環はどこに
行きたい？

ん…私が見たいのは
どこにあるか
わからないんだ
だからまず
宙くんの見たいモノを
見つけに行こうよ

わかった　じゃあ
出かけよう！
近くに低気圧がない
から天気が大きく
崩れることは
ないだろう
ていきあつ？
ヒロトさん
天気予報も
できるの!?

気圧っていうのはね
「空気が物を押す力」のことだよ
じつは空気にも重さがある!!
1Lでおよそ1.25g!
1円玉と同じくらいで
とっても軽いんだけど
それが空のてっぺんから
ずーっと重なって
地面を押すわけさ

さらにおもしろいのは
空気は気圧の高い方から
低い方へ動く性質が
あるんだよ
だから空気は
気圧の低い低気圧に
向かって流れる
つまり風がふくわけだね
ゴオオ
おおーっ
風がふいてる！
ぼくに
向かって空気は
流れこむよ
低気圧
この低気圧に集まった
空気はどうなるの？

低気圧の中心に
集まった空気は
上へと動いていくんだ
すると空の上の方は
気温が低いから
空気中の水蒸気が
水滴になったり
氷のつぶに
なったりして
「雲」がうまれる
気温が低い
バブゥ
低気圧
あっわかった!
低気圧が近づくと
雨がふりやすく
なるのは雲ができる
からなんだね!!
その通り!
じゃあ出かけようか
「大岩」へ!

地温と気温

地面の温度（地温）と空気の温度（気温）にはどんなちがいがあるのかな。
温度のちがいや、1日の温度変化について見ていこう。

日なたと日かげ

日光（太陽の光）が当たっている日なたと、日光が当たっていない日かげでは、地面のようすや地面の温度にちがいがあります。

日なたの地面

- さわるとあたたかくて、かわいている。
- 地面の温度が高い。

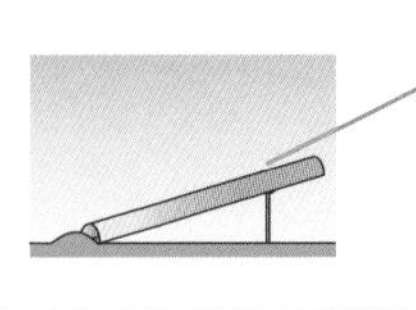

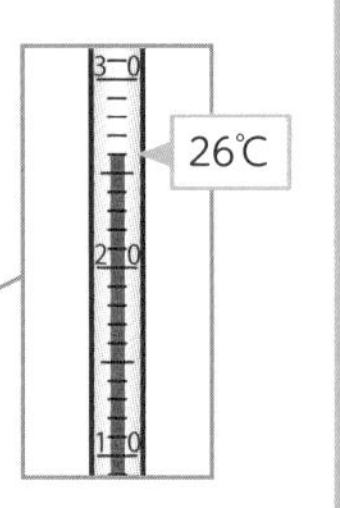

確認しよう

地面の温度（地温）のはかり方

❶地面を少しほって温度計をさしこみ、うすく土をかぶせる。

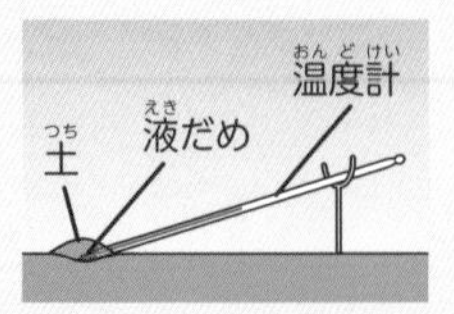

❷日光が温度計を直接あたためないように、液だめ以外の部分におおいをかぶせる。

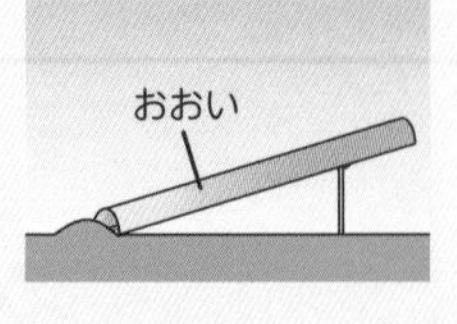

クイズ32の答え　天文台などにある天体望遠鏡を使うと、青空に光る星が見える。

日かげの地面

- さわると**つめたくて、しめっている。**
- 地面の温度が低い。

温度計の目もりの読み方

目と温度計が直角になるようにして、目もりを読む。

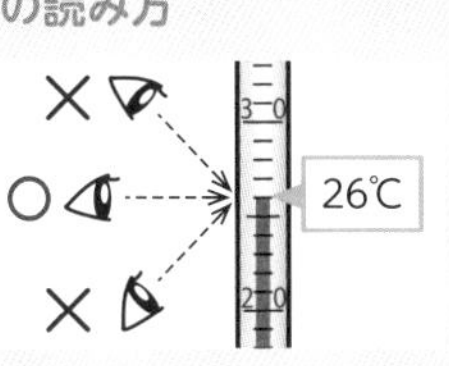

ネコヒゲはどこ?

クイズ33　日本でこれまでに記録された、最高気温はどのくらい？

気温のはかり方

空気の温度(気温)は、次のことに注意してはかります。

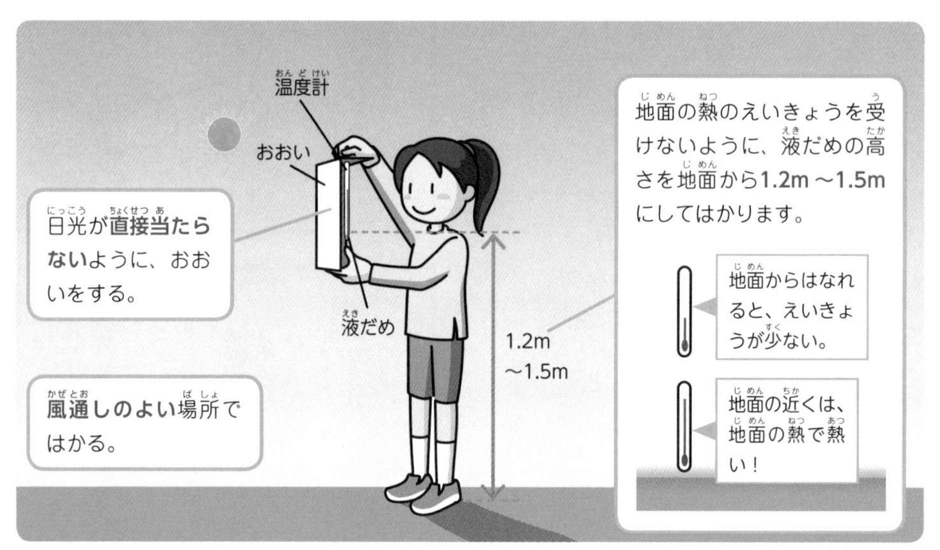

確認しよう

百葉箱

百葉箱は、気温をはかるのに適したつくりになっています。

色
日光を反射し、熱を吸収しないように、白くぬられている。

材質
まわりの熱が伝わりにくいように、木でできている。

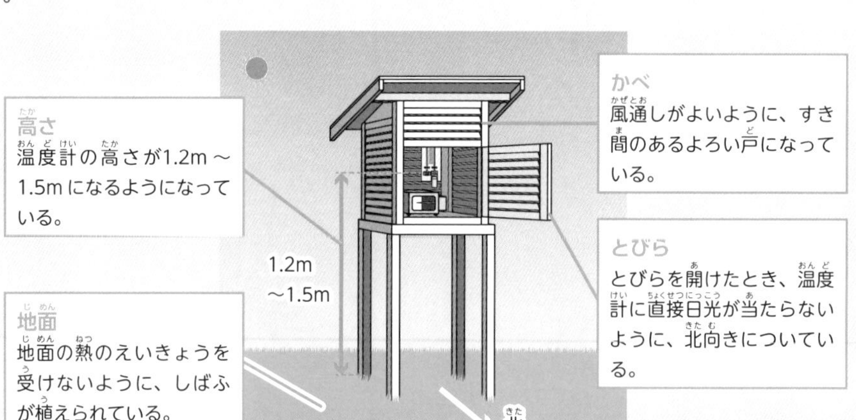

クイズ33の答え　約41℃。熱いおふろくらいの温度！

1日の地温の変化

地温は1日の中で変化し、昼は高く、夜は低くなります。

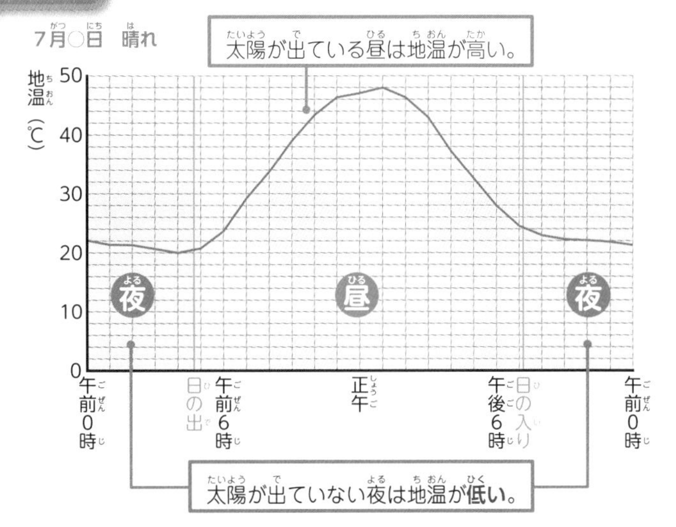

昼に地温が高くなるのは、日なたの地面があたたかいのと同じだね。

1日の気温の変化

気温は1日の中で変化し、昼は高く、夜は低くなります。

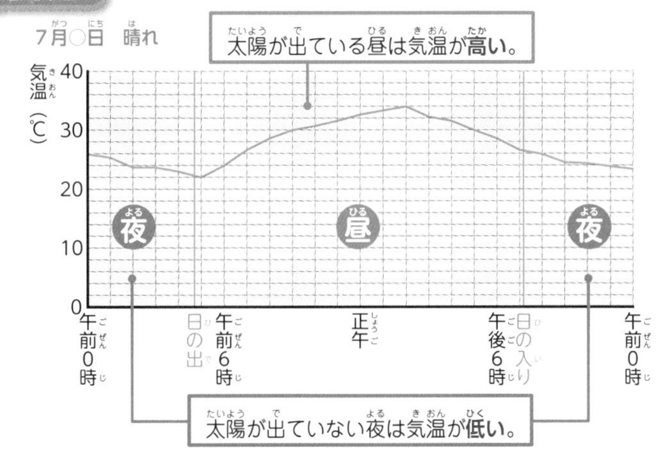

気温の変化のグラフも、地温の変化に似ているね！

まとめ

- 日なたと日かげでは、空気のあたたかさや地面の温度がちがう。
- 地温や気温は、太陽が出ている昼に高くなり、太陽が出ていない夜には低くなる。

クイズ34　日本でこれまでに記録された、最低気温はどのくらい？

太陽の高さと地温・気温

地温や気温が昼ごろに高くなるのはどうしてかな。また温度が最高になる時刻がずれているのはどうしてかな。太陽の動きとの関係を調べてみよう。

太陽高度と地温、気温の1日の変化

太陽の高さ（太陽高度）、地温、気温が最高になる時刻は、約1時間ずつずれています。

下のグラフは、
左が地温や気温を表す温度の目もり、
右が太陽の高さを表す高度の目もりになっているよ。

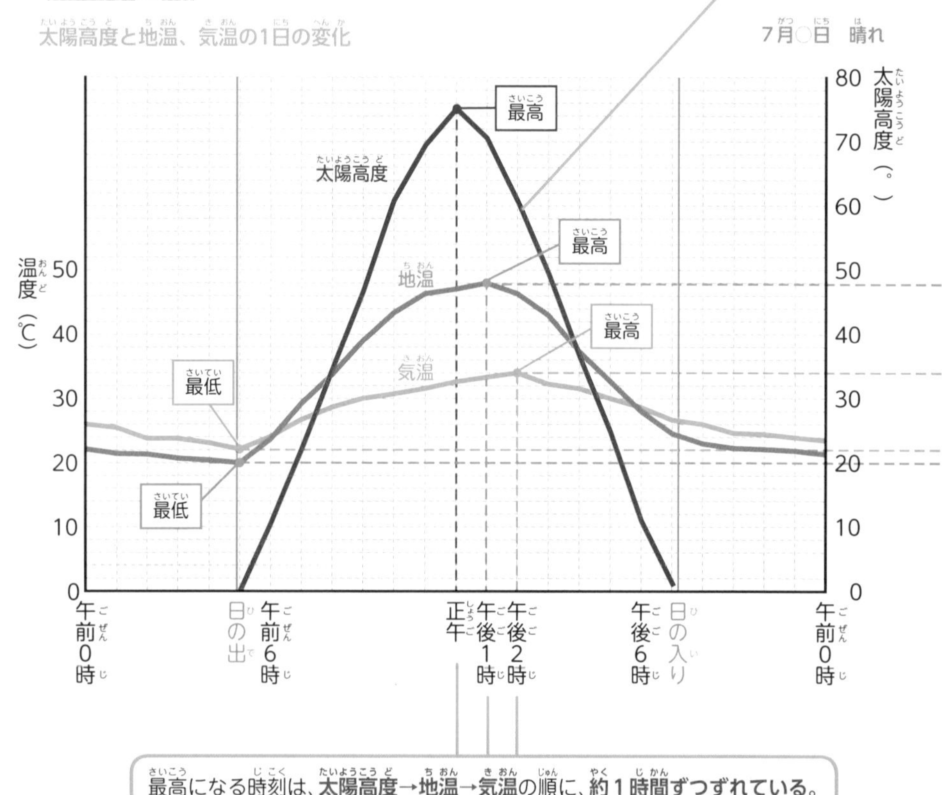

最高になる時刻は、太陽高度→地温→気温の順に、約1時間ずつずれている。

クイズ34の答え　約 -41℃。冷とう庫の温度が約 -18℃だよ。

太陽高度の１日の変化

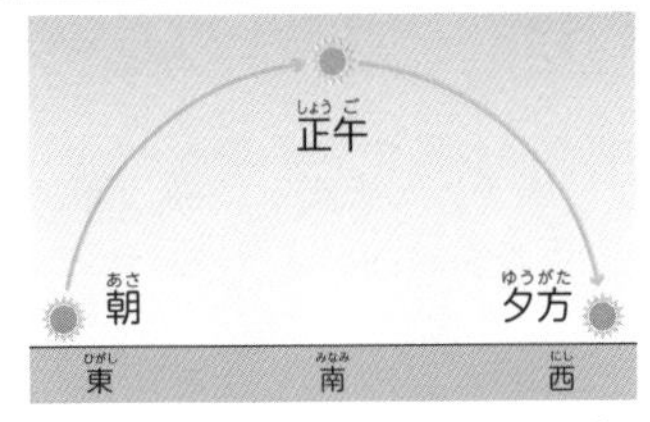

太陽の高さは、朝と夕方は低く、正午ごろに最も高くなる。

太陽高度と光のエネルギー

（朝・夕方）
太陽高度が低いとき

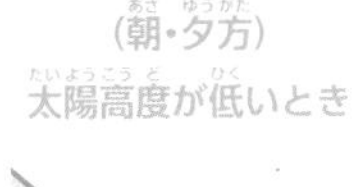

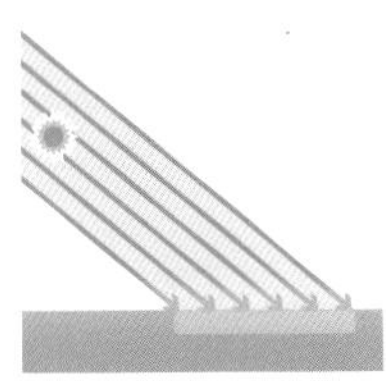

地面が受ける光のエネルギーが**小さい。**

↓

地温が**高くなりにくい。**

（正午ごろ）
太陽高度が高いとき

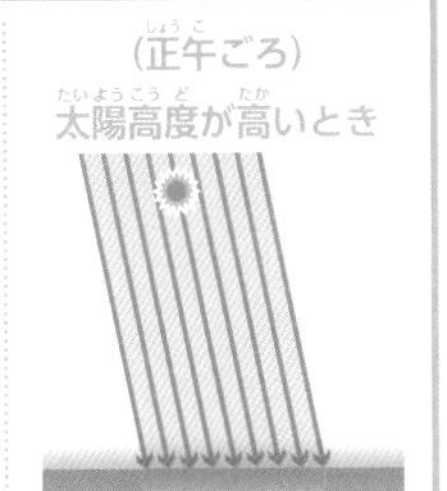

地面が受ける光のエネルギーが**大きい。**

↓

地温が**高くなりやすい。**

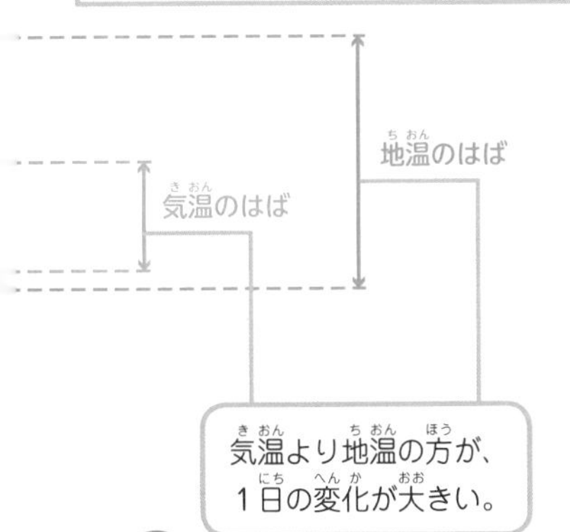

気温より地温の方が、1日の変化が大きい。

わかったこと

地面は、空気よりあたたまりやすく、冷えやすい。

プール

太陽の熱の伝わり方と地温、気温

日がのぼると、太陽の熱が地面をあたため、地温が上がります。その後、地面の熱が空気に伝わり、気温が上がるので、太陽高度と地温、気温が最高になる時刻がそれぞれずれます。

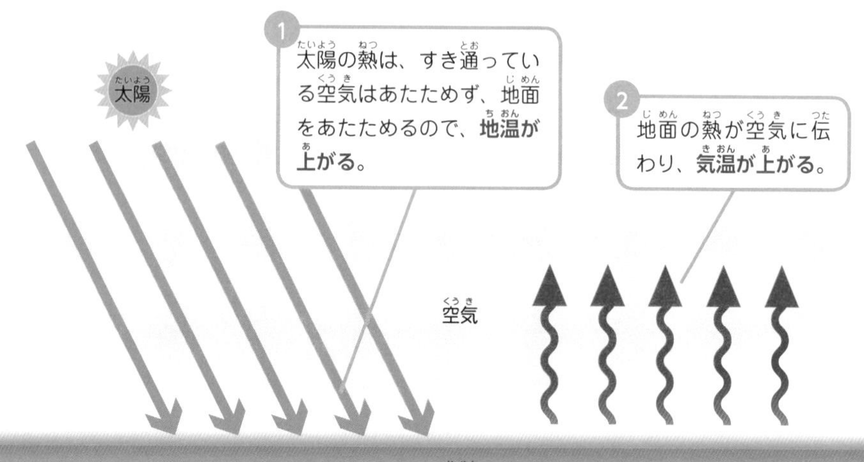

最高になる時刻のずれを、もう一度グラフで確認しよう！

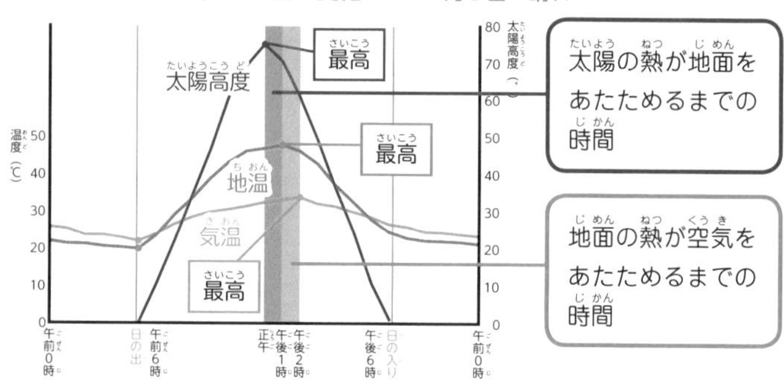

まめちしき

地面からの高さと熱

空気は、地面からの熱によってあたためられるから、地面に近いほど空気の温度は高いよ。だから、背が低くて地面に近い小さい子どもや犬などは、熱中症の危険が高いから注意が必要だよ。

クイズ35の答え　性別。温度が低いとおす、高いとめすが生まれる。

太陽の南中高度と地温、気温の1年の変化

太陽の南中高度、地温、気温は季節によって変化し、最高になる時期は、約1か月ずつずれています。

夏至の日と冬至の日の太陽の動き （→56～57ページ）

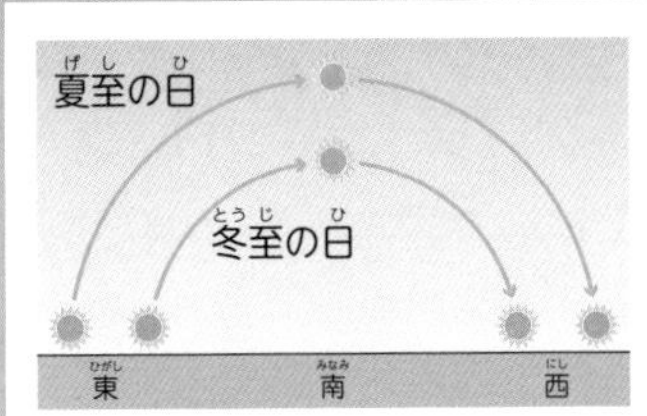

夏至の日は太陽の南中高度が最も高くなり、冬至の日は太陽の南中高度が最も低くなる。

太陽の南中高度と地温、気温の1年の変化

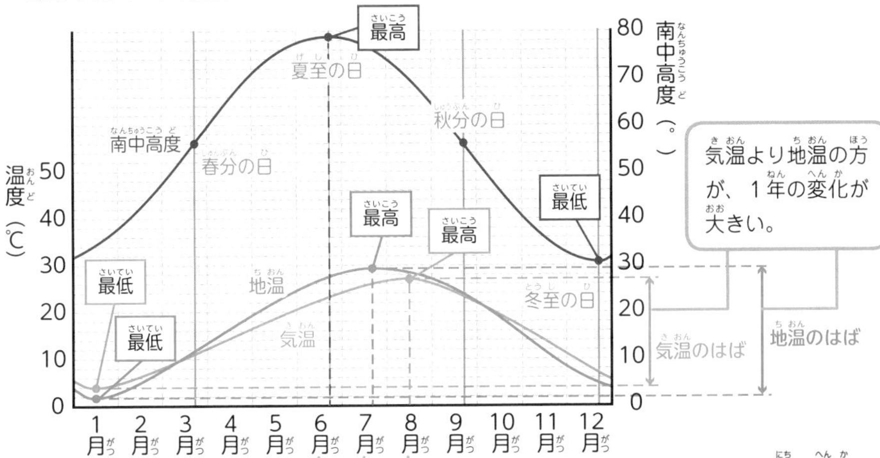

最高になる時刻は、南中高度→地温→気温の順に、約1か月ずつずれている。

1日の変化のグラフと似ているね！

わかったこと 太陽の熱が地面をあたため、地面の熱が空気をあたためるので、それぞれ最高になる時期がずれる。

まとめ

太陽の熱は地面をあたため、地面の熱が空気をあたためるので、太陽の高さが高くなると、まず地温が高くなり、その後気温が高くなる。

1日の変化	太陽高度	地温	気温
最高	正午ごろ	午後1時ごろ	午後2時ごろ
最低	－	日の出ごろ	日の出ごろ

1年の変化	南中高度	地温	気温
最高	夏至の日(6月)	7月ごろ	8月ごろ
最低	冬至の日(12月)	1月ごろ	1～2月ごろ

クイズ36 内陸と海の近く、気温の差が大きいのはどっち？

天気と気温の変化

空がどんなようすのときの天気を「晴れ」というのかな。
天気の決め方と天気による気温の変化について見ていこう。

この天気は晴れ？　くもり？

太陽が見えたら晴れ？

太陽は見えているけど、
雲が多いから…どっち？

天気の晴れとくもり

天気の晴れとくもりは、空全体を10としたときの雲の割合（雲量）で決めます。
雲量0〜8を晴れ、9〜10をくもりとします。

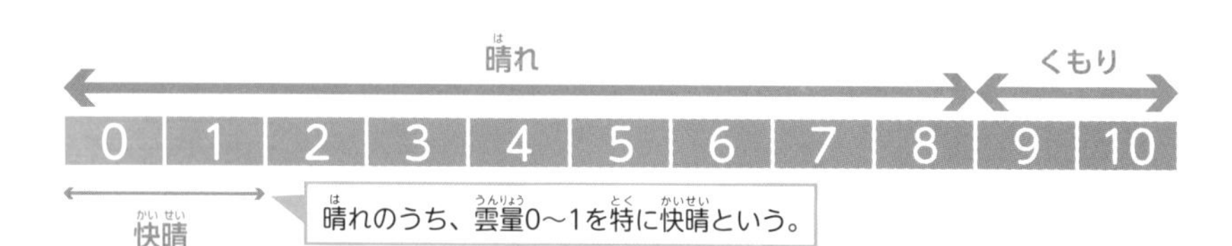

クイズ36の答え　内陸のほうがあたたまりやすく冷えやすいので、差が大きい。

明日は晴れ？

雲がたくさんあったらくもり？

青空が少しでも見えたら晴れ？

雲量の例

雲量7
晴れ

クイズ37 太陽が出ているときに雨が降ったら、天気は何になる？

天気と1日の気温の変化

1日の気温の変化の大きさは天気によって変わります。晴れの日は気温の変化が大きく、くもりや雨の日は気温の変化が小さくなります。

それぞれの日の、最高気温と最低気温の差に注目しよう！

晴れ

1日の気温の変化

気温（℃）25／20／15／10／5／0

午前0時　午前6時　正午　午後6時　午前0時

1日の気温の変化が**大きい**

雲がないと…

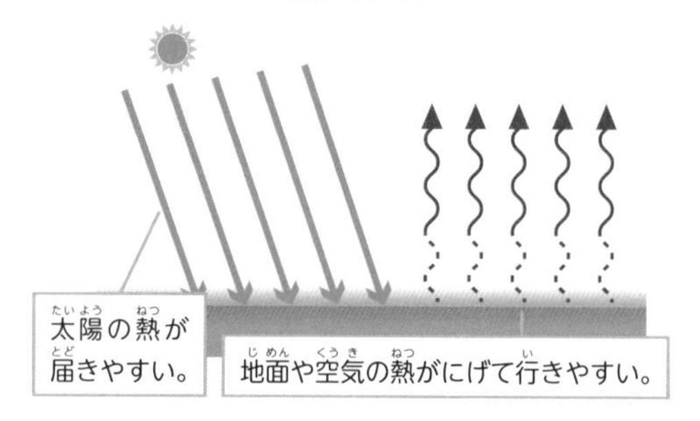

確認しよう

記録温度計の読み方

記録温度計（自記温度計）は、自動で気温の変化を記録することができます。

記録温度計

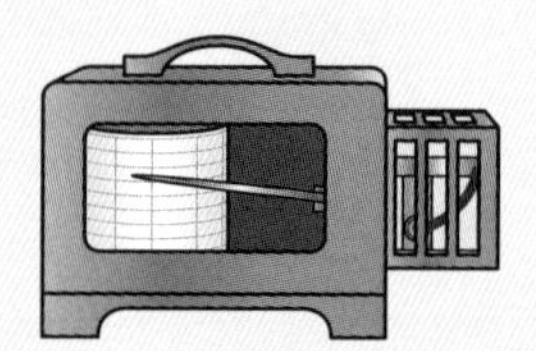

記録用紙

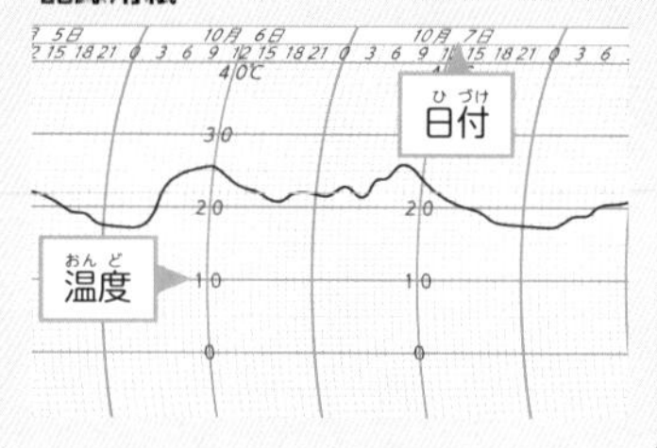

まめちしき

天気が変化したときの気温

「くもりのち晴れ」など、1日の途中で天気が変化したときは、気温の変化のしかたも天気とともに変わるよ。

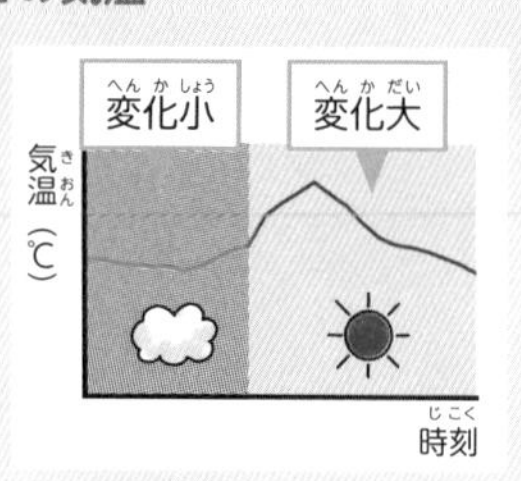

クイズ37の答え　雲の量にかかわらず、雨が降ったら「雨」になる。

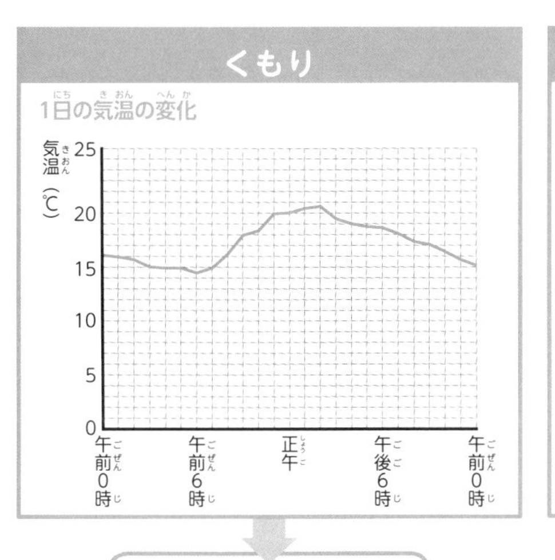

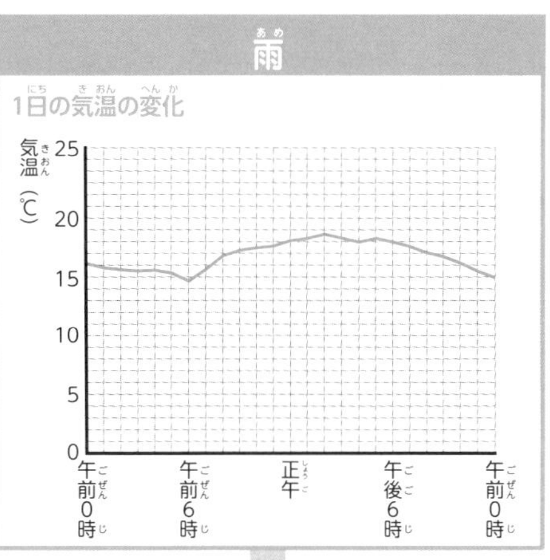

1日の気温の変化が**小さい**

1日の気温の変化が**ほとんどない**

雲があると…

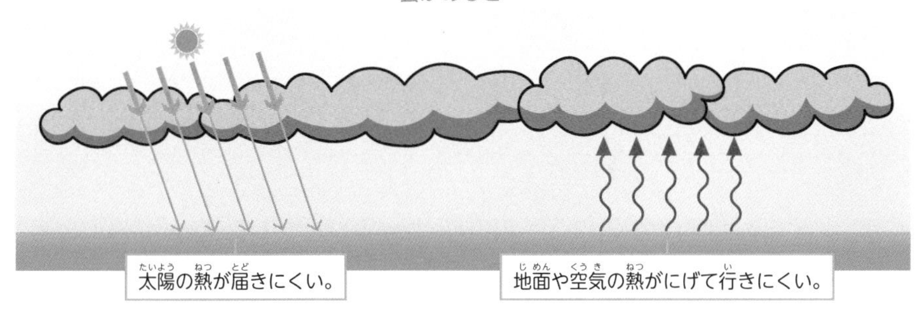

- 天気の晴れとくもりは空全体を10としたときの雲の割合で決まり、0〜8を晴れ、9〜10をくもりとする。
- 晴れの日は1日の気温の変化が大きく、くもりや雨の日は小さい。

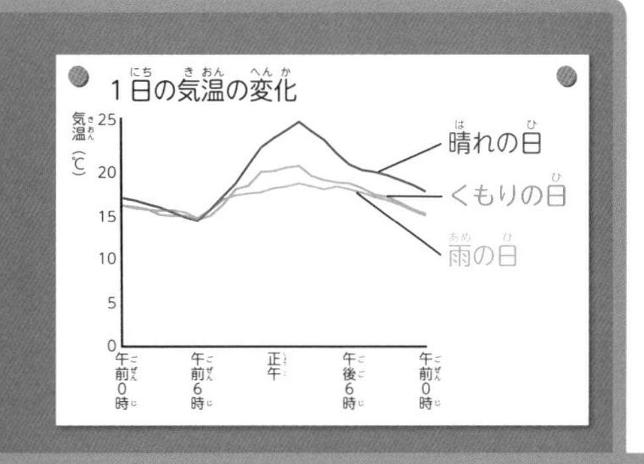

雲の種類

空を見上げると、モコモコした雲やうすい雲など、いろいろな雲が見えるね。それぞれの雲には、どんな特ちょうがあるのかな。

雲の種類

雲は、できる高さや形で大きく10種類に分けることができます。

巻層雲(うす雲)

ジェット飛行機

巻積雲(いわし雲・うろこ雲)

高層雲(おぼろ雲)

乱層雲(雨雲)

高積雲(ひつじ雲)

積雲(わた雲)

層積雲(うね雲)

層雲(きり雲)

クイズ38の答え　最高気温が30℃以上の日が真夏日、35℃以上だと猛暑日。

いろんな雲

巻雲(すじ雲)

12000m

10000m
(10km)

8000m

積乱雲
(かみなり雲・入道雲)

6000m

4000m

2000m

富士山

0m

雲の特ちょう

雲にはそれぞれ、色や形、雨を降らせるなどの特ちょうがあります。

★や☆印のついた雲の名前と特ちょうは、覚えておこう！

★積乱雲（かみなり雲・入道雲）

もくもくと高くもり上がった雲。**強い雨**を降らせたり、かみなりを起こしたりする。

★乱層雲（雨雲）

黒っぽい色をした厚い雲で、長い時間**弱い雨**を降らせることが多い。

★巻雲（すじ雲）

天気がよい日、空の高いところに見られる、すじのようなうすい雲。

★巻積雲（いわし雲・うろこ雲）

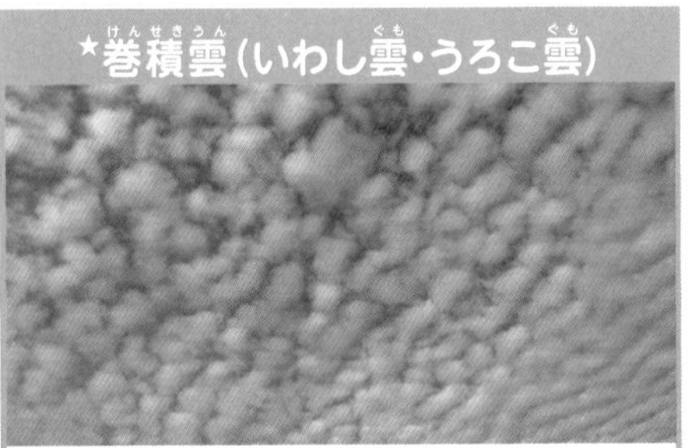

高い空に見られる、白い小さなかたまりが魚のうろこのように並んだ雲。

★巻層雲（うす雲）

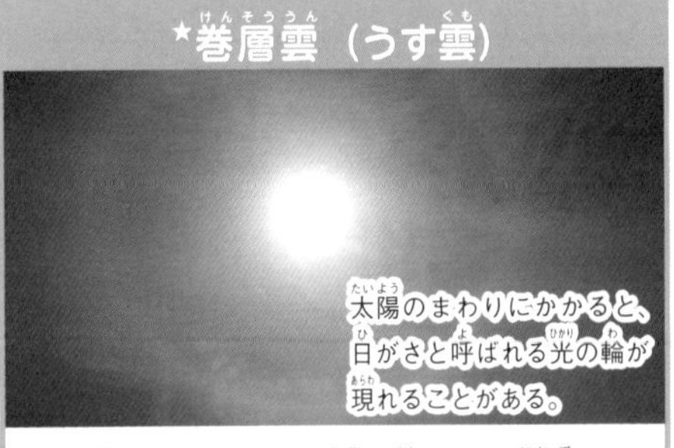

広い空をうすくおおう白い雲。2、3日後に雨になることが多い。

★高積雲（ひつじ雲）

丸いかたまりが並んだ雲。この雲がすぐに消えると、晴れることが多い。

クイズ39の答え　飛行機の排気ガスにふくまれる水蒸気などがもとになった雲。

★層積雲（うね雲）

低い空に見られる、灰色の雲。細長い波のような形をしていて、雨になることがある。

高層雲（おぼろ雲）

空を広くおおう、灰色がかった雲。雨になることがある。

積雲（わた雲）

低い空に見られる、もくもくとした白い雲。大きく発達すると、積乱雲に変わる。

層雲（きり雲）

山はだなどの、最も低いところにできる、きりのような雲。

まめちしき

富士山に UFO!?

富士山の上に乗った、UFO のような雲。これは「かさ雲」といって、山の頂上付近にできる雲なんだ。かさ雲は山の上にしめった空気があるときにできるので、かさ雲が見られると天気が悪くなることが多いよ。

富士山とかさ雲

まとめ

- 雲には、いろいろな色や形のものがある。
- 雲には、雨を降らせたり、かみなりを起こしたりするものがある。

クイズ40　積乱雲の別名は入道雲。どうして入道雲っていうの？

雲のでき方

雲はどうして空の高いところにうかんでいるのかな。
雲が高いところでできるひみつと、空気のしめりけについて見ていこう。

雲のでき方

山などにぶつかって空気が上昇すると、空気中の水蒸気が水や氷のつぶになり、雲ができます。

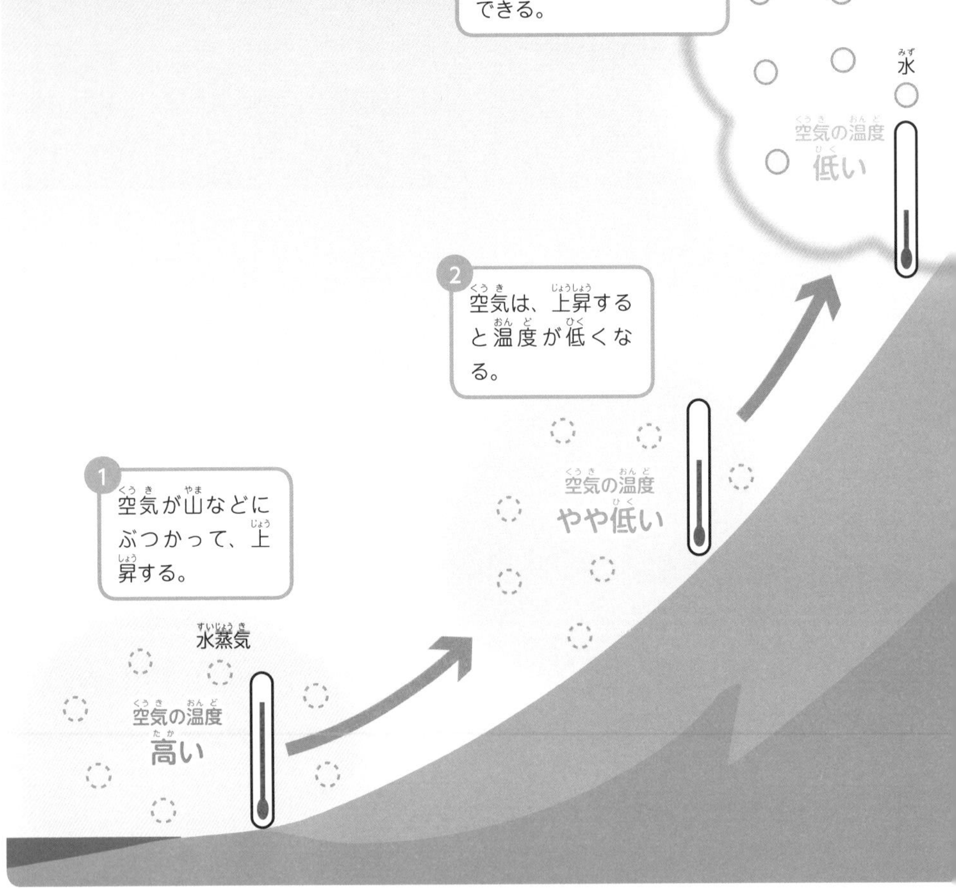

1 空気が山などにぶつかって、上昇する。

水蒸気
空気の温度
高い

2 空気は、上昇すると温度が低くなる。

空気の温度
やや低い

3 さらに上昇して温度が下がると、空気中の水蒸気が水のつぶになり、雲ができる。

水
空気の温度
低い

クイズ40の答え　巨大な妖怪「大入道」のようだから。

空気には、
気体の水(水蒸気)が
ふくまれているよ。

氷

確認しよう

水のすがた

水は固体の氷、液体の水、気体の水蒸気とすがたを変えます。空気中の水蒸気が冷やされると、液体の水に変化します。

雲ができるしくみは、
空気中の水蒸気が
冷たいコップに冷やされて
水てきになる「結ろ」と
同じだね。

空気の温度

空気にふくまれる水蒸気の割合（湿度）

空気にふくまれる水蒸気の割合を湿度といいます。空気がかわいているときは湿度が低く、空気がしめっているときは湿度が高くなります。

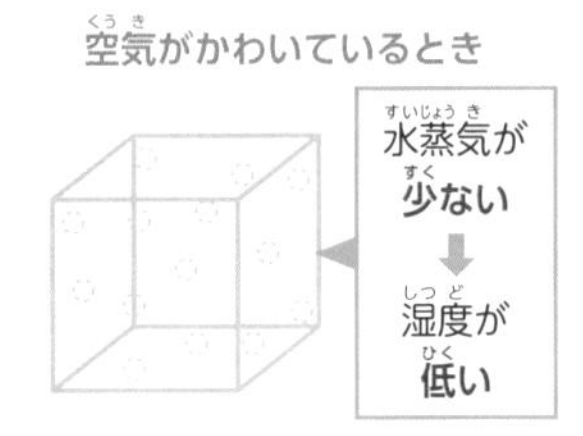

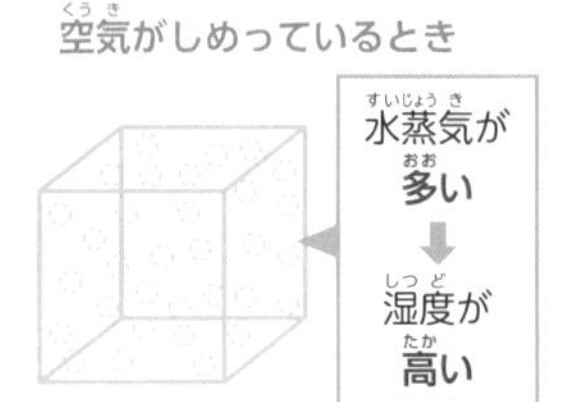

確認しよう

乾湿計の使い方

乾湿計は、乾球と湿球、2つの温度計が示す温度の差から湿度を知ることができます。

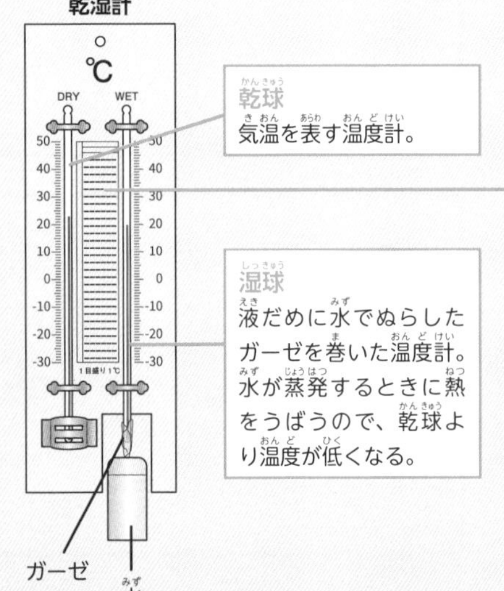

表

❶乾球の示す温度（示度）を読み取る。

❷湿球の示す温度（示度）を読み取り、乾球と湿球の温度差を計算する。

❸表の❶と❷が交わった値が湿度になる。

例　乾球13℃、湿球11℃の場合

示度の差は　13℃－11℃＝2℃

乾球の示度〔℃〕	乾球と湿球の示度の差〔℃〕						
	0.0	0.5	1.0	1.5	2.0	2.5	3.0
15	100	94	89	84	78	73	68
14	100	94	89	83	78	72	67
13	100	94	88	83	77	71	66
12	100	94	88	82	76	10	65
11	100	94	87	[illegible]	[illegible]	[illegible]	63
10	100	93	87	80	74	68	62
9	100	93	86	80	73	67	60

湿度77%

飽和水蒸気量

空気の中にふくむことのできる水蒸気の量は決まっています。ある温度の空気1 m^3がふくむことができる最大の水蒸気の量を、飽和水蒸気量といいます。飽和水蒸気量は温度によって変わります。

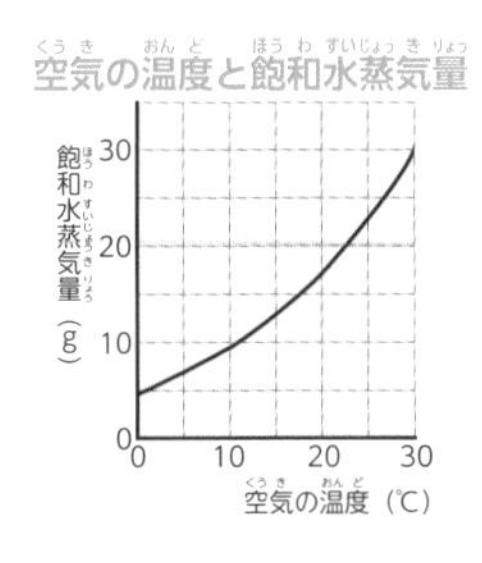

クイズ41の答え　上昇する空気（風）におし上げられているから。

やってみよう！

雲ができ始める温度を考えてみよう！

30℃で、1 m^{3}あたり17.3gの水蒸気をふくんだ空気を冷やしていくと、何℃で水てきが現れ、雲ができ始めるかな。

空気1 m^{3}にふくむことができる水蒸気の量

空気の温度	0℃	10℃	20℃	30℃
飽和水蒸気量	4.8g	9.4g	17.3g	30.4g

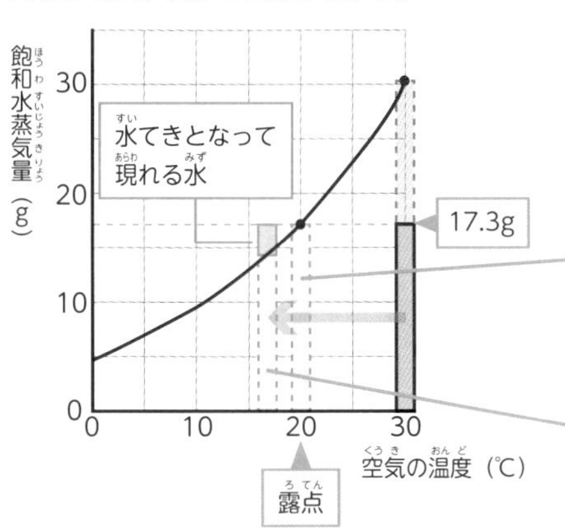

30℃の空気1 m^{3}には17.3gの水蒸気がふくまれている。

↓

空気の温度を下げていくと、**20℃で飽和水蒸気量と等しくなる。**

↓

20℃より温度が下がると、ふくみきれなくなった水蒸気が水に変わり、**水てきが現れ、雲ができ始める。**

↓

空気の温度を下げていったときに、空気にふくまれる水蒸気の量と飽和水蒸気量が等しくなり、水てきが現れ始める温度を**露点**という。この場合の露点は20℃。

まめちしき

フェーン現象

しめった空気が山をこえ、かわいた熱い風となってふきおろす現象をフェーン現象というよ。

しめった空気が上昇すると、冷やされて水てきが現れ、雲ができる。

雲は雨を降らせることで水分を失い、かわいた空気になる。

かわいた空気が下降すると、急激に温度が上がり、かわいた熱い空気になる。

雲

しめった空気

かわいた熱い空気

- 空気がふくむことができる水蒸気の量には限りがあり、空気の温度が高いほど、ふくむことができる水蒸気の量が多い。
- 空気が上昇するなどして温度が下がり、露点以下になると、空気中の水蒸気が水てきとなり、雲ができる。

クイズ42　気温が0℃以下のとき、湿球はどうなる？

天気の変化

雲と天気の変化にはどのような関係があるのかな。
日本付近の雲の動きに注目しながら、春や秋の天気の変化を見てみよう。

気象情報と天気

雲画像や雨量情報などの気象情報を利用すると、各地の天気を知ることができます。

雲画像

気象衛星※が観測した雲のようすを表した画像。広い範囲の雲のようすがわかります。雲のある部分は白っぽく見えます。

※気象衛星については157ページを見よう！

北
札幌
西
東京
東
南

雨量情報

アメダス※が観測した雨量の情報をまとめた画像。雨が降っている地域と雨の強さがわかります。

※アメダスについては158ページを見よう！

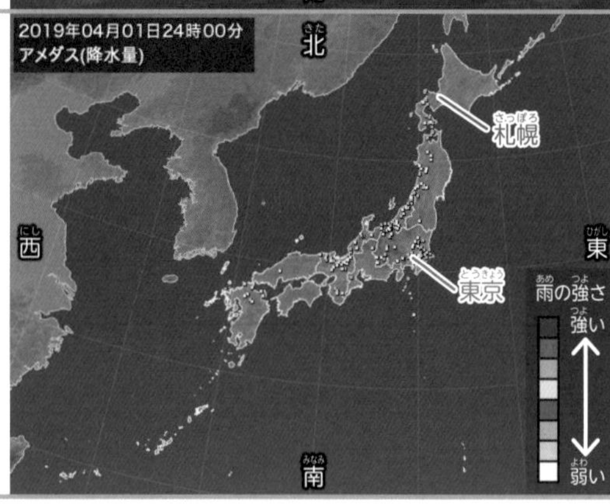

クイズ42の答え　ガーゼがこおってしまい、正しい湿度をはかれなくなる。

確認しよう

雨量(降水量)の表し方

雨量は、底が平らな容器にたまった水の深さで表します。1時間あたりの雨量を表す単位は「mm/h」です。

※雨量の調べ方については159ページを見よう！

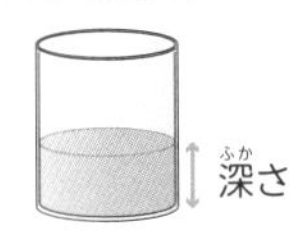

気象情報からわかること

札幌にも
東京にも
雲がある。

札幌は雨が
降っていない。
東京は雨が
降っている。

合わせて
考えると…

札幌の天気は
くもり

東京の天気は
雨

天気のゆくえ

春や秋の天気の変化

※季節と天気の特ちょうについては
154～155ページを見よう！

春や秋のころ、日本付近では雲はおよそ西から東へと動いていきます。
また、雲の動きにともなって、天気もおよそ西から東へと変わっていきます。

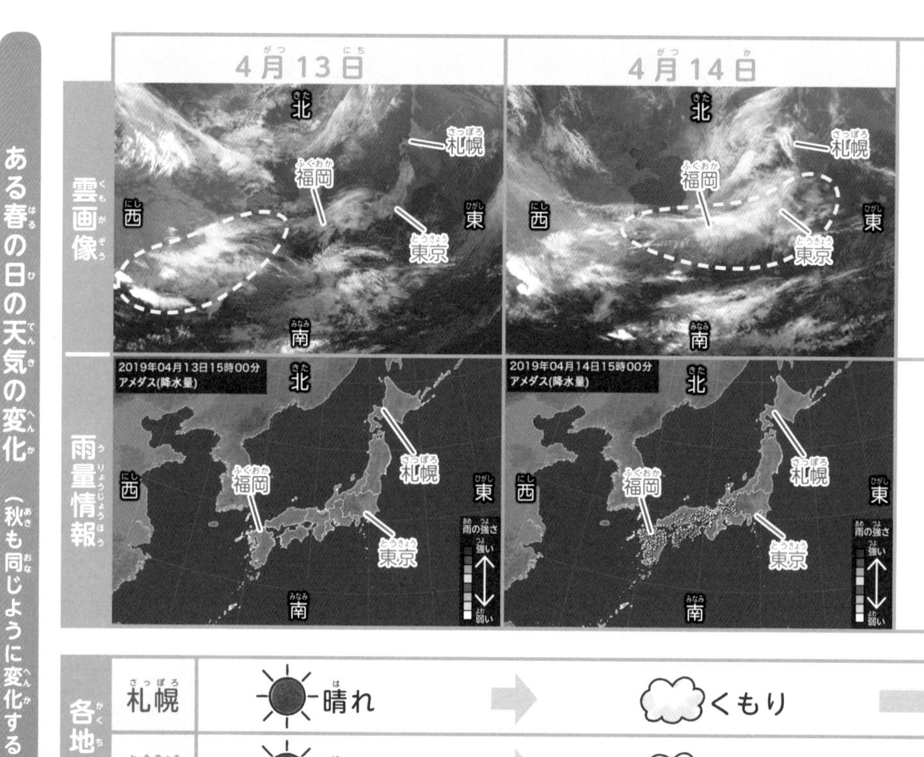

各地の天気	4月13日		4月14日
札幌	晴れ	→	くもり
東京	晴れ	→	くもり
福岡	くもり	→	雨

まめちしき

夕焼けの次の日は晴れ？

昔からある天気のいい伝えに「夕焼けの次の日は晴れ」というのがあるよ。夕焼けが見える西の空が晴れていれば、次の日はその晴れの天気がうつってきて、晴れることが多いんだ。

クイズ43の答え　高積雲（ひつじ雲）のような小さい雲はうつらないことがある。

雲のある場所も
雨の降っている地域も、
東へうつっているね！

天気の予想

西のほうの雲や天気に注目すると、
天気を予想することができます。

4月15日

北
札幌
福岡
西
東
東京
雲は、東へ動く。
南

2019年04月15日15時00分
アメダス(降水量)
北
雨の地域も、
東へ動く。
札幌
西
東
福岡
雨の強さ
強い
弱い
東京
南

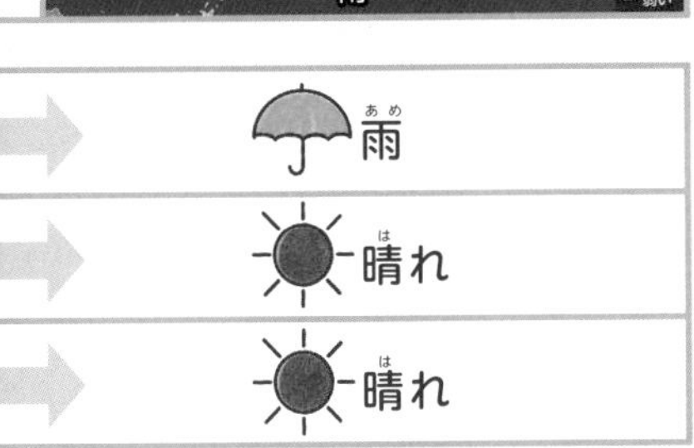

予想

札幌の天気はよくなり、福岡に次の雲がかかり始める。

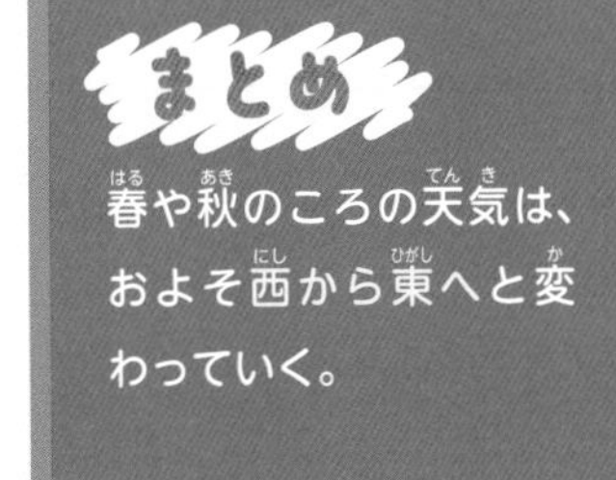

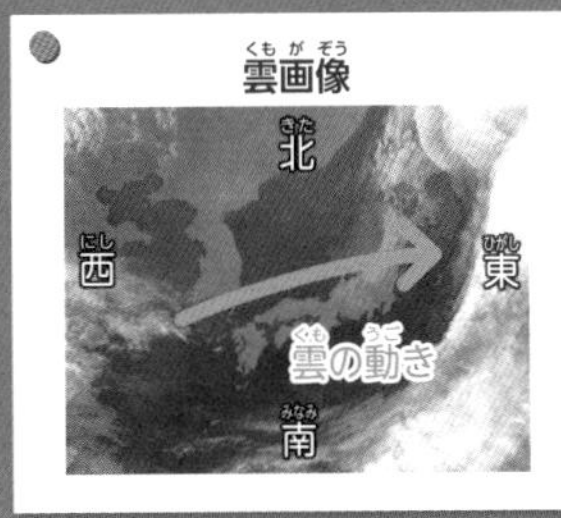

クイズ44 乱層雲（雨雲）はどうして黒っぽいの？

台風

台風が近づいてくると、ニュースなどで注意が呼びかけられるね。
台風について正しく理解して、災害に備えよう。

台風

国際宇宙ステーションから見た台風

台風は、夏から秋にかけて日本付近に近づきます。

台風の目

台風

日本のはるか南の海上で発生した熱帯低気圧が発達し、最大風速17.2m以上になったものです。中心に、雨や風の弱い**台風の目**とよばれる部分が見られることが多いです。

雲がうずを巻いているね！
台風の目の部分は穴があいたように雲がないよ。

クイズ44の答え　雲の厚さが厚く、光を通しにくいから。

台風が来ると…

台風が来ると、**大雨**が降ったり、**強い風**がふいたりします。

強い雨や風の中を歩く人びと

強い風などで波が高くなった海

台風のでき方

南の海の空気があたためられ、水蒸気とともに上へ動くことで、雲ができ、熱帯低気圧になります。さらにあたためられ、水蒸気を取りこみながら発達すると、台風になります。

※空気の温度と動きについては147ページを見よう！

ネコヒゲ台風

クイズ45　どうして、台風の基準は最大風速17.2mなの？

台風の動き

台風は、日本付近では北や東の方へ動きます。台風の雲の下では、短時間に集中して大雨が降ることがあります。

ある3日間の雲の動きと雨量の変化

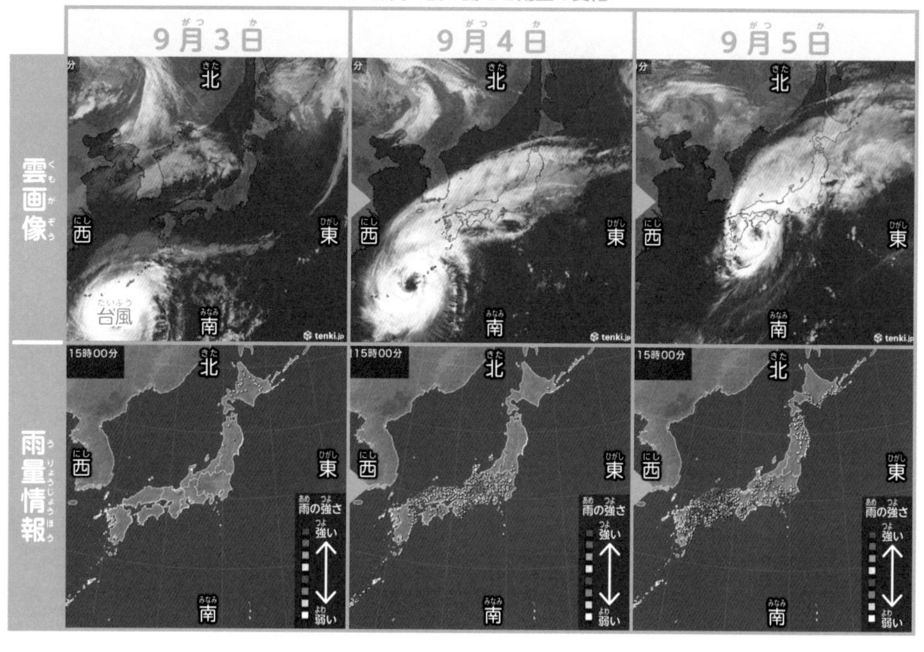

台風の風の向きと強さ

台風のまわりでは、台風の中心に向かって風がふきこんでいます。台風の進路の右側では、台風にふきこむ風の向きと台風を動かす風の向きが同じになるので、特に風が強くなります。

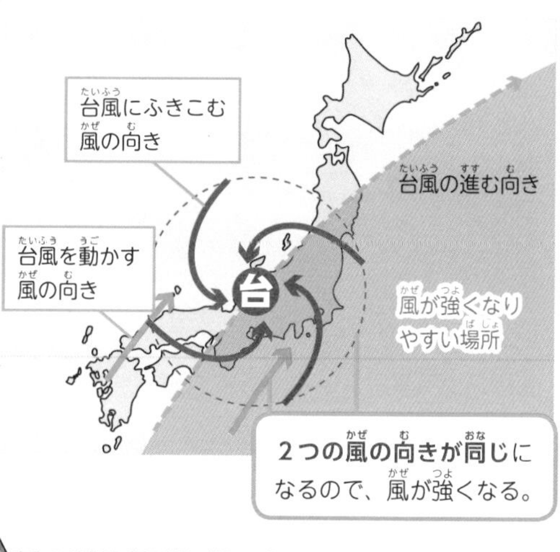

自分のいる地域が台風の進路の右側になるときは強風に注意しよう！

クイズ45の答え　海にいる船にとって、それ以上の風速は危険だから。

季節と台風の進路

台風は１年中発生していますが、夏から秋にかけて日本付近に近づくことが多いです。発生直後は西の方へ動くことが多いですが、日本付近では上空の強い風（偏西風）のえいきょうで北や東の方へ進路を変え、動きが速くなります。

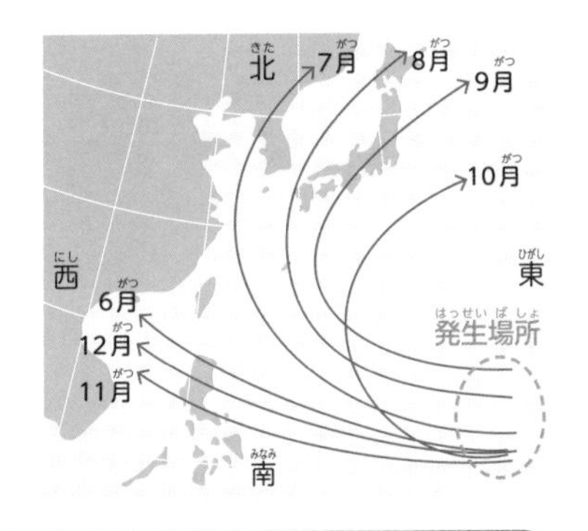

まめちしき

台風の予報

台風の予報では、予想される進路や、風が強くなると考えられるはん囲が示されるよ。台風が近づいてきたときは、天気予報をチェックして、大雨や強風に備えよう。

台風予報の見方

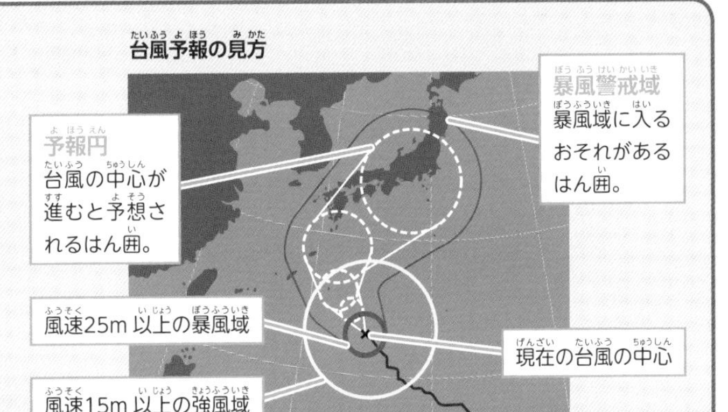

台風の被害とめぐみ

台風の大雨や強風は災害をもたらすことがありますが、大雨によって水不足が解消されるなどのめぐみもあります。

災害

めぐみ

まとめ

- 日本のはるか南の海上で発生した台風は、夏から秋にかけて日本付近に近づくことが多い。
- 台風は、日本付近では北や東の方へ動く。
- 台風が近づくと、雨や風が強くなる。

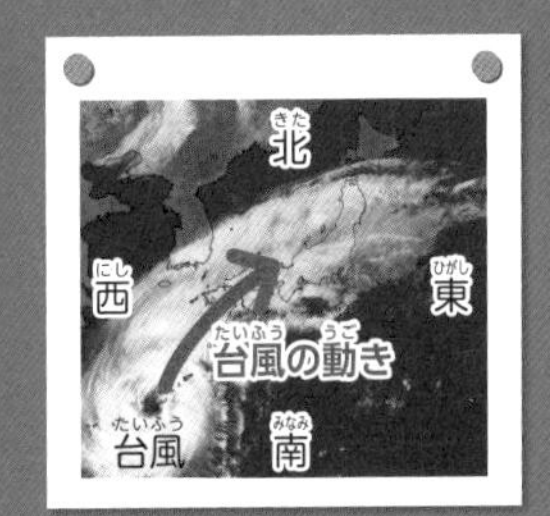

クイズ46　台風を英語でなんていう？

風のふき方

風がふく向きや風の強さは日々変化するね。風はどうしてふくのかな。風がふく理由と、風向きについて見ていこう。

気圧と風のふき方

空気は、気圧の高いほうから低いほうへ動きます。

強い力でおして、
まわりの空気を
おし出すよ！

等圧線

地図上で、同じ気圧の地点を結んだ線を**等圧線**といいます。気圧は、**hPa（ヘクトパスカル）**という単位で表します。

クイズ46の答え　タイフーン。「台風」は英語に漢字をあてたものといわれている。

空気の流れ

気圧

空気がものをおす力を**気圧**といいます。気圧は、上に乗っている空気の重さで決まります。気圧は平地でも場所によって変わり、また、山の上のような高さの高いところでは低くなります。

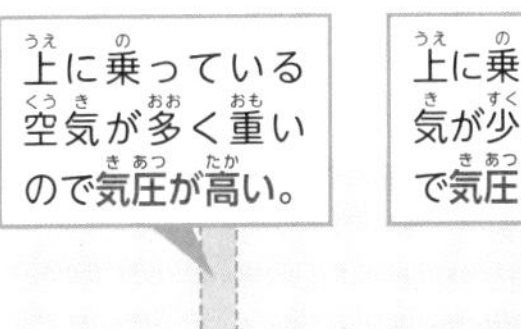

気圧が**低い**

空気のおす力が**弱い**

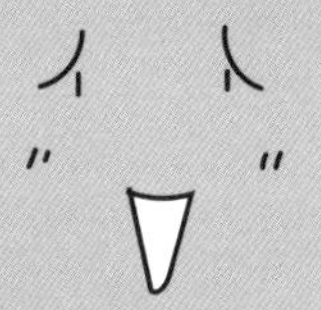

おす力が弱いから、
まわりからおされて
うき上がっちゃうよ～。

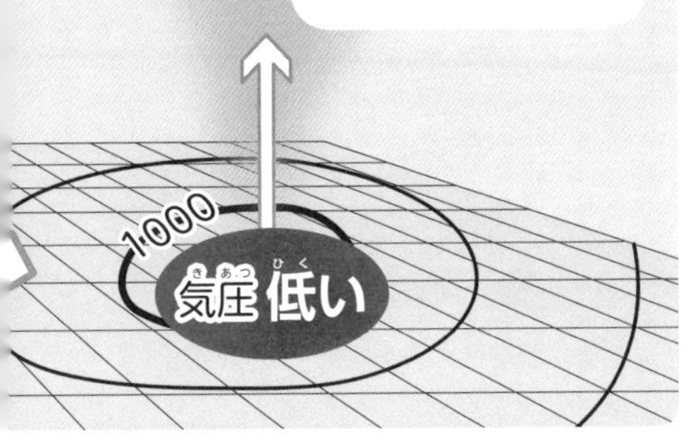

高気圧と低気圧

※雲のでき方については132ページを見よう！

まわりより気圧が高いところを高気圧、低いところを低気圧といいます。高気圧のまわりは雲ができにくく、天気がよいことが多いです。低気圧のまわりは雲ができやすく、天気が悪いことが多いです。

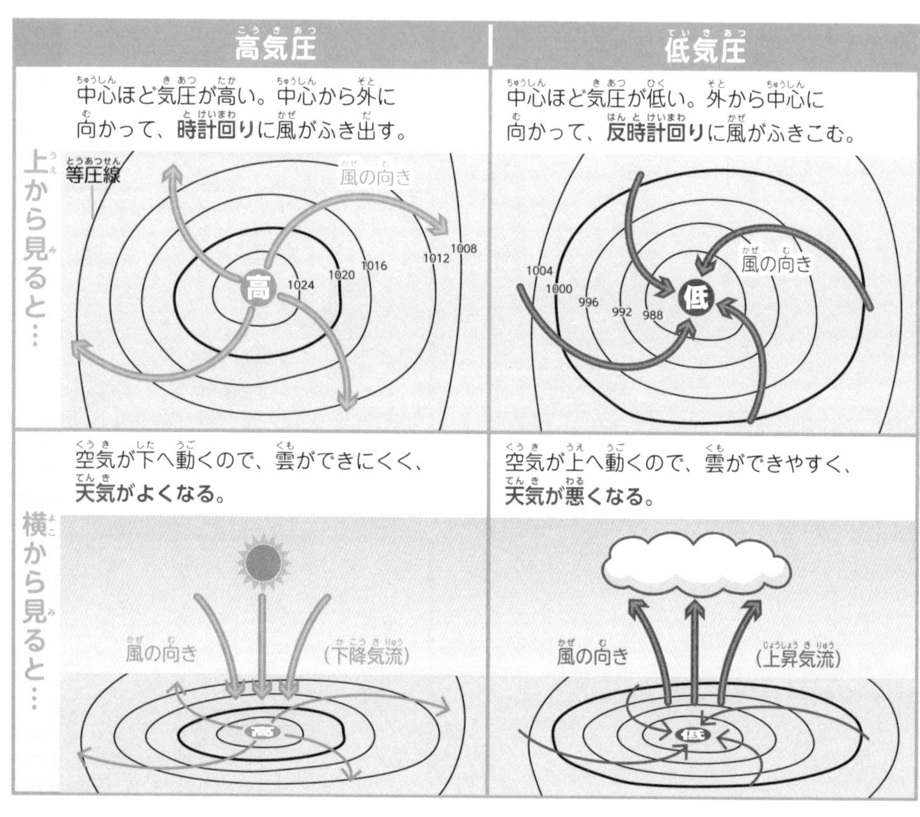

まめちしき

天気図と雲画像を比べてみると……

気圧のようすを表した天気図と、雲画像を比べてみると、低気圧の場所に雲ができていることがわかるね。

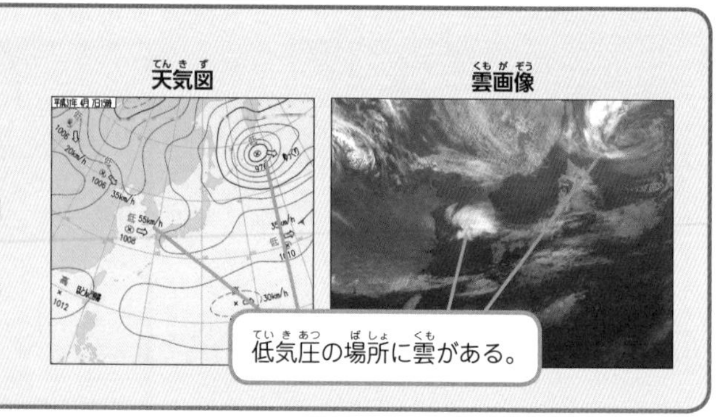

クイズ47の答え　地球と大気（星をおおう気体）がちがうので、小さく、低い音。

海風・陸風

陸は海よりもあたたまりやすく冷えやすいので、温度のちがいによって風がふきます。

確認しよう

空気の温度と動き

空気はあたためられると体積が大きくなり、気圧が低くなって上へ動きます。冷やされると体積が小さくなり、気圧が高くなって下へ動きます。

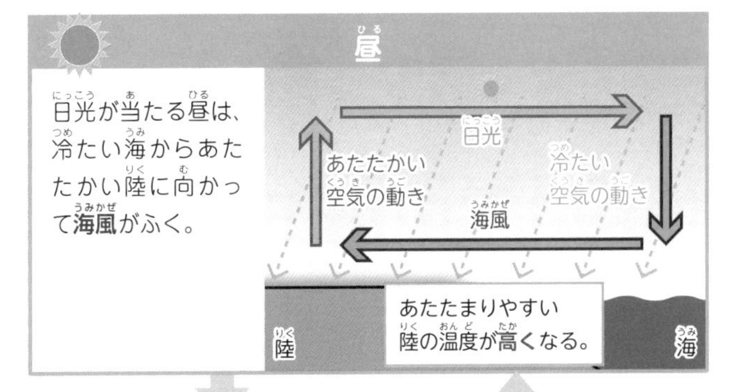

朝・夕方

朝や夕方、海風と陸風が入れかわるときには、風が止まる「なぎ」の状態になる。

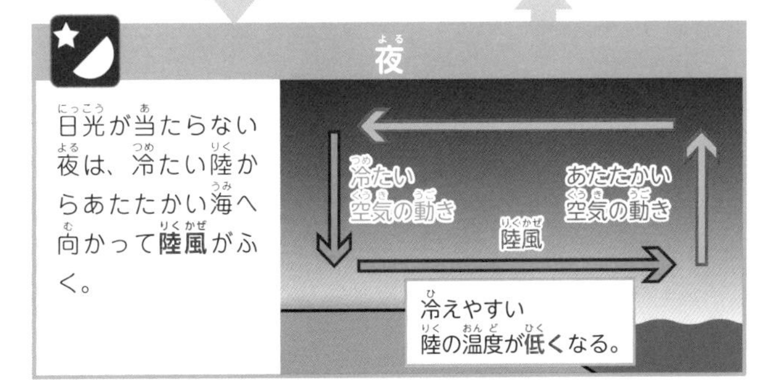

風は、冷たいところからあたたかいところへ向かってふくのね。

まめちしき

山風・谷風

山のしゃ面は平地よりあたたまりやすく冷えやすいので、昼は谷から山に向かって、夜は山から谷に向かって風がふくよ。

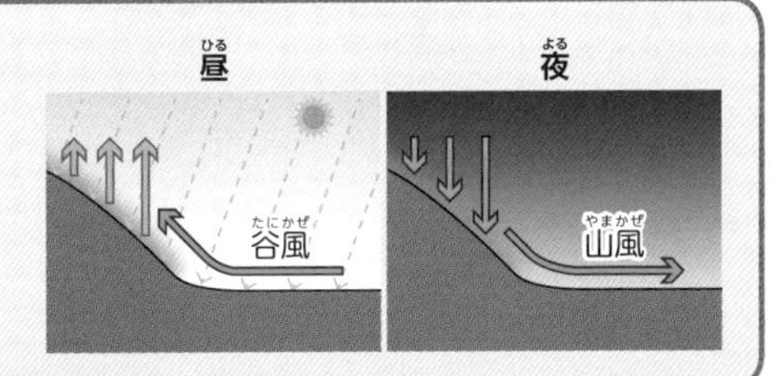

まとめ

・風は、気圧が高いほうから低いほうへ向かってふく。
・高気圧は空気が下へ動くので雲ができにくく、天気がよくなる。
　低気圧は雲ができやすく、天気が悪くなる。

クイズ48　高気圧、低気圧の気圧の値に基準はある？

天気図と前線

天気予報では、天気図がしょうかいされることが多いね。
天気図に何がかかれているかを知れば、天気予報が楽しくなっちゃうよ。

天気図

天気図には高気圧や低気圧、前線の種類と位置、各地の天気、風向、風力などの情報がかかれています。

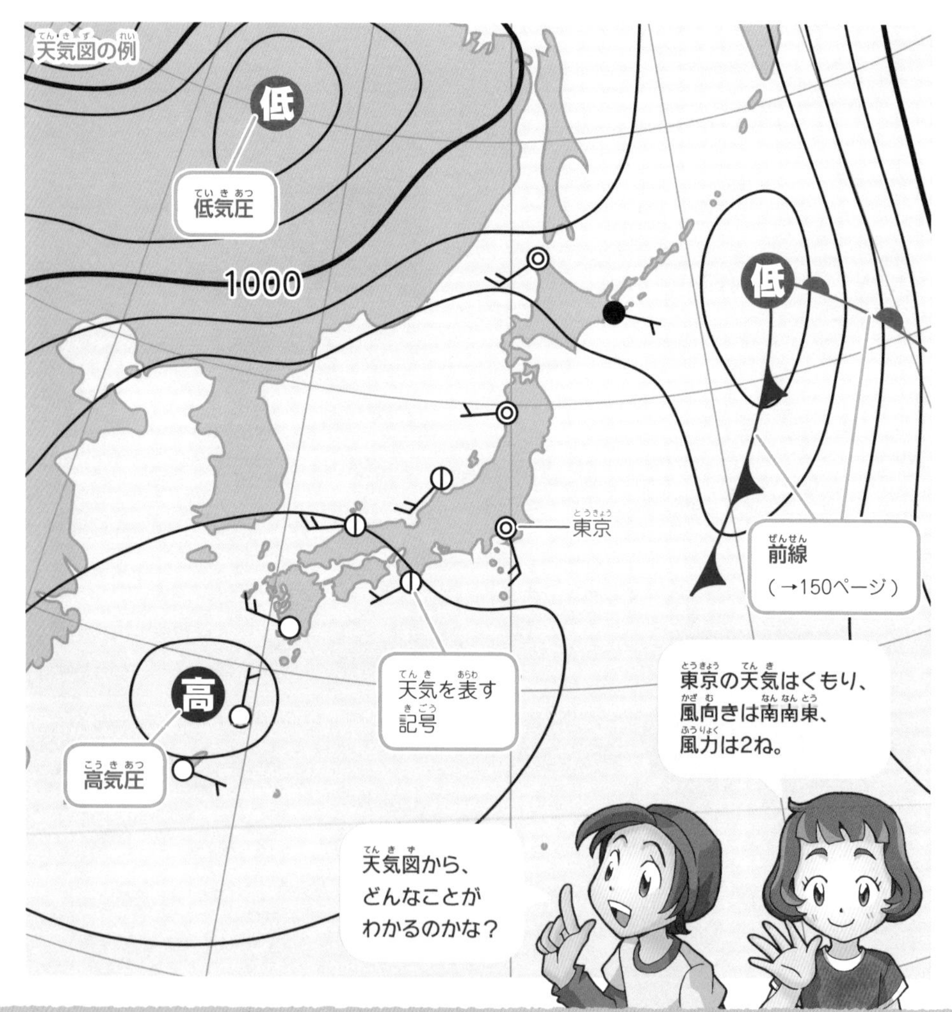

クイズ48の答え　ない。まわりより気圧が高いか、低いかで決まる。

まめちしき

等圧線と風の強さ

天気図を見るときは、等圧線の間かくに注目しよう。等圧線の間かくがせまいと、気圧の差が大きくなり、風が強くなるんだ。

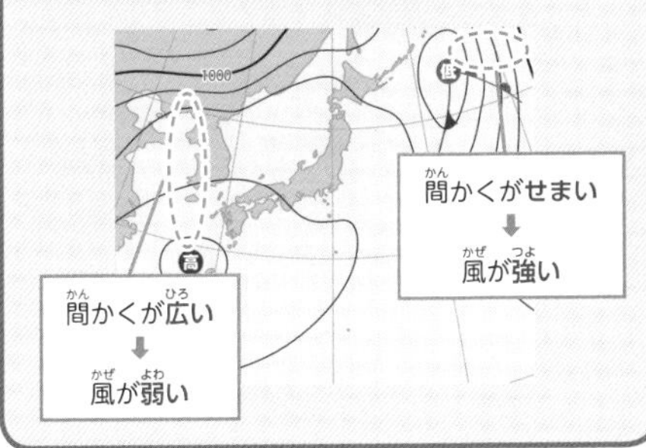

天気を表す記号

天気図では、天気、風向、風力を記号を使って表します。

天気の記号

天気	快晴	晴れ	くもり	雨	雪
記号	○	◑（円に縦線）	◎	●	⊛（円に放射線）

天気の表し方

天気：晴れ　風向：南西　風力：4　のとき

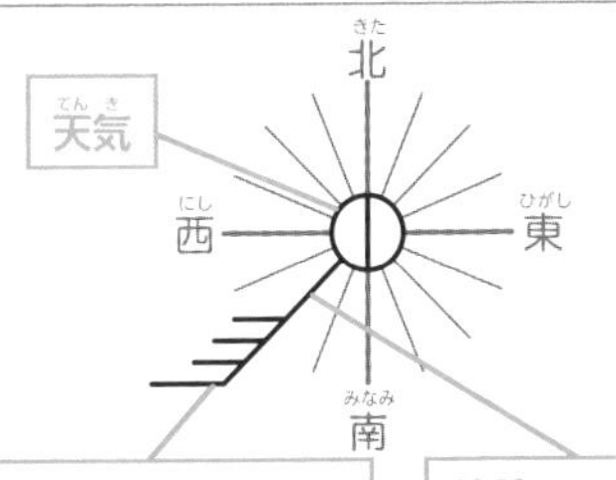

風力
風力を0～12の13段階で表したもの。羽根の数で表す。数字が大きいほど風が強い。

風向
中心から出た線の向きで表す。

※風向については158ページを見よう！

クイズ！

前線

冷たい空気（寒気）とあたたかい空気（暖気）がぶつかり合うところを前線といいます。前線の近くでは雲ができ、天気が悪くなりやすくなります。

寒冷前線

寒気が暖気をおし上げるように進みます。

温暖前線

暖気が寒気の上にのぼるように進みます。

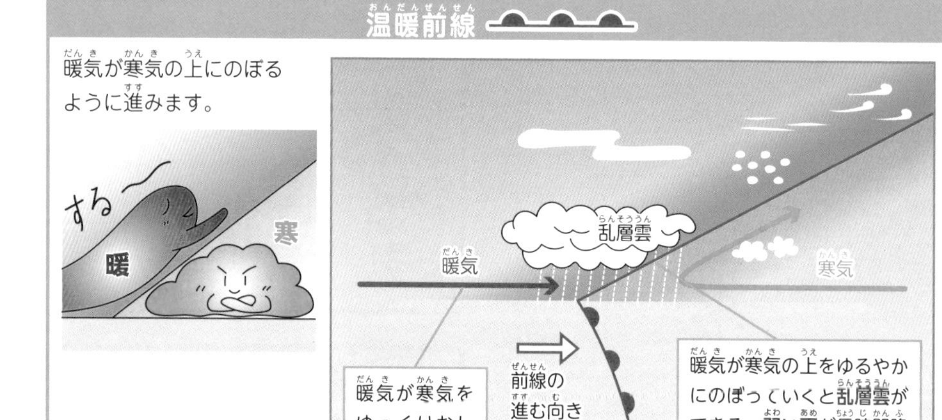

冷たい空気は重く、あたたかい空気は軽いから、前線では必ず寒気が下になるよ。

クイズ49の答え　空気が海水をおす力が小さくなり、海水面が上昇し、高潮になる。

停滞前線（梅雨前線・秋雨前線）

寒気と暖気のおし合う力がほぼ等しく、ほとんど動かない前線。梅雨の時期や、秋の長雨の時期に見られます。

閉そく前線

進む速さの速い寒冷前線が温暖前線に追いついてできる前線。

低気圧と前線

春や秋に日本付近を通過する低気圧（温帯低気圧）は、暖気と寒気がぶつかり合って発生するため、寒冷前線と温暖前線をともなうことが多くなります。

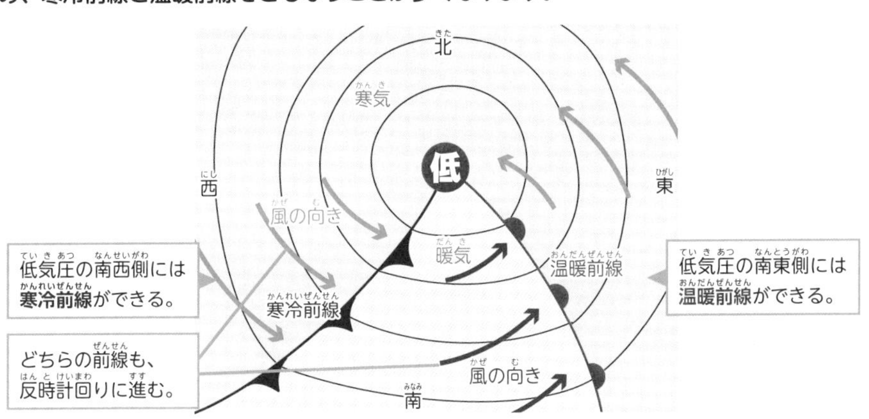

前線が通り過ぎると、気温や風向が変化するよ。

寒冷前線が通ったとき

暖気から寒気へと変わるので、気温が**下**がり、風向が**北寄り**に変わる。

温暖前線が通ったとき

寒気から暖気へと変わるので気温が**上**がり、風向が**南寄り**に変わる。

まとめ

- 天気図には高気圧や低気圧の位置などがかかれ、天気のようすを知ることができる。
- 寒気と暖気がぶつかり合うところを前線という。前線の近くでは天気が悪くなりやすい。

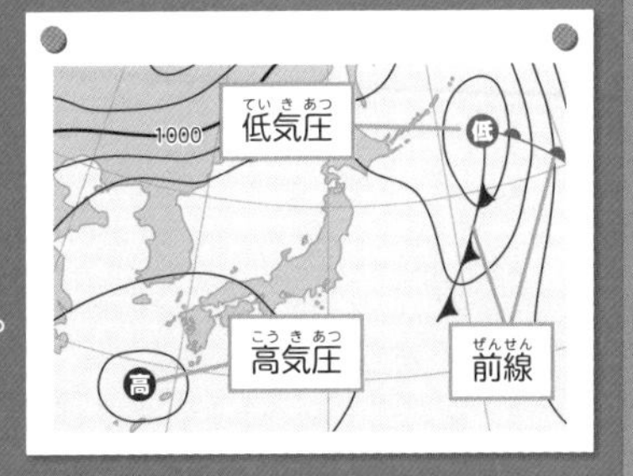

クイズ50 日本で初めて天気予報が出されたのはいつ？

季節と天気

季節がかわると、気温だけじゃなく天気のようすも変化するね。季節の天気の特ちょうと、天気にえいきょうをあたえる気団について見ていこう。

日本付近の気団

温度や湿度がほぼ同じになっている空気の大きなかたまりを気団といいます。日本付近には、4つの気団があり、日本の天気にえいきょうをあたえています。

クイズ50の答え　1884年（明治17年）6月1日

いろんな気団

オホーツク海気団

冷たい

しめっている

北

冷たい

あたたかい

南

気団の特ちょう

北の気団は冷たく、南の気団はあたたかい。大陸の気団はかわいていて、海の気団はしめっている。

小笠原気団

あたたかい

しめっている

季節と気団

気団の勢力は季節によって変わり、日本の天気の特ちょうも変わります。

	天気の特ちょう	気団のようす	雲画像
冬	シベリア気団の勢力が強くなり、北西の季節風がふく。**日本海側は雪**、**太平洋側はかわいた晴れ**の日が多い。西に高気圧、東に低気圧がある**西高東低**の気圧配置になることが多い。	北 西 東 南 シベリア気団 季節風	2月01日15時00分 北 西 東 南 筋状の雲が見られる。
春・秋	揚子江気団がもとになった移動性高気圧と低気圧が交互にやってくるので、晴れからくもりや雨へと**数日おきに天気が変わる**。	北 西 東 南 高 揚子江気団 移動性高気圧	4月18日15時00分 北 西 東 南 低気圧による雲
梅雨（6月ごろ）	**オホーツク海気団**と**小笠原気団**がぶつかって、梅雨前線（停滞前線）ができる。梅雨前線が長い間とどまるので、**くもりや雨**の日が続く。	北 西 東 南 オホーツク海気団 梅雨前線 小笠原気団	6月06日15時00分 北 西 東 南 梅雨前線による雲
夏	**小笠原気団**が発達すると、梅雨前線が北におし上げられ、梅雨が明ける。晴れて蒸し暑い日が多く、発達した**積乱雲**によって**激しい雨**が降ることも多い。	北 西 東 南 小笠原気団	7月24日15時00分 北 西 東 南 雲がほとんどない。

季節によって、雲のようすが全然ちがうね！

クイズ51の答え　日本中、風向きが定まらず天気は変わりやすく雨が降りやすい。

天気図

01日 15時(実況)

北 西 東 南

西高東低の気圧配置

18日 15時(実況)

北 西 東 南

低気圧と高気圧が交互にくる。

06日 15時(実況)

北 西 東 南

梅雨前線

24日 15時(実況)

北 西 東 南

日本列島が高気圧におおわれる。

確認しよう

偏西風・季節風

日本の上空をふく西風の偏西風や、大陸と海洋の間にふく季節風は、天気に大きなえいきょうをあたえます。

偏西風

上空にふく強い西風。移動性高気圧が西から東へ動いたり、台風が日本付近で東寄りに進路を変えるのは偏西風のえいきょう。

季節風

大陸と海洋の間にふく風。

夏は、あたたまりやすい大陸に向かって、南東からの季節風がふく。

冬は、冷えやすい大陸から海に向かって、北西からの季節風がふく。

季節風は海風、陸風と似ているね。

※海風・陸風については147ページを見よう！

まとめ

- 日本付近には4つの気団があり、日本の天気にえいきょうをあたえている。
- 日本の天気にえいきょうをあたえる気団は、季節ごとに変わる。

気象観測

日本の天気予報の的中率は90％に近いんだ。高い確率で予報を的中させることができるのは、さまざまな気象観測を行っているからだよ。

ひまわり8号がとらえた地球のようす（2015年7月7日）

 クイズ52の答え　6月から7月にかけての1か月半くらい。（関東地方の場合）

気象観測

日々の雲のようすや気温、雨量（降水量）などは、気象衛星やアメダス（地域自動気象観測システム）などによって観測されています。

まめちしき

気象衛星ひまわり8号・9号

気象衛星を使うと、広いはん囲の雲のようすや海のようすなどを観測することができるよ。現在、日本の上空には、ひまわり8号とひまわり9号の2機の気象衛星が回っているよ。

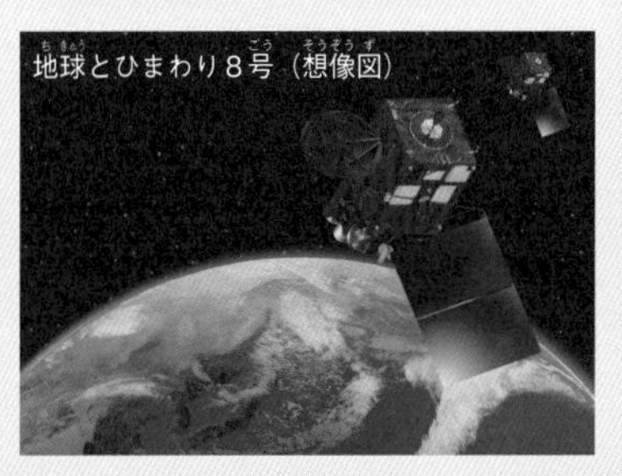

ぼくの予報

アメダス（地域気象観測システム）

アメダスとは、自動で気象観測を行うシステムのことです。全国に約1300か所あり、気温、雨量（降水量）、風向、風速などの観測を行っています。

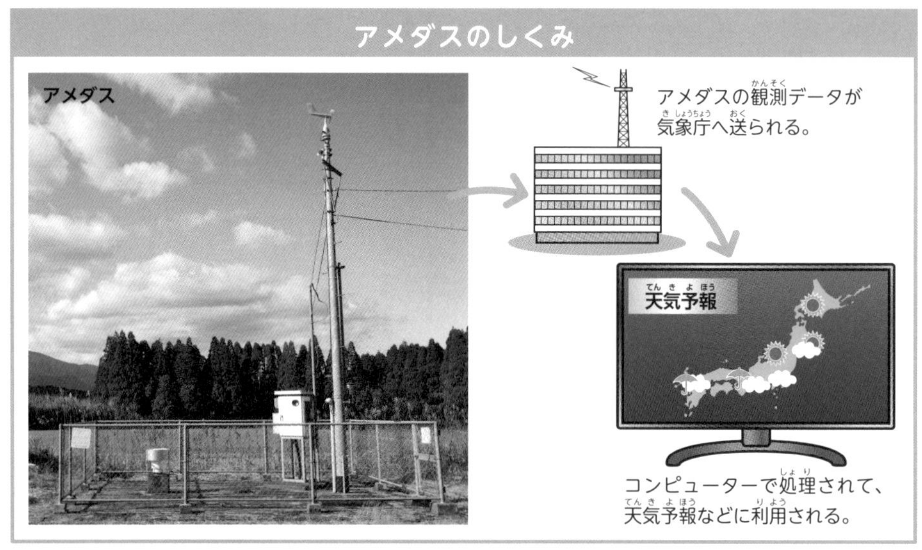

アメダスの観測所は、
およそ20km四方に１か所あるんだ。

風向・風速の調べ方

風がふいてくる向きを風向、風が動く速さを風速といいます。

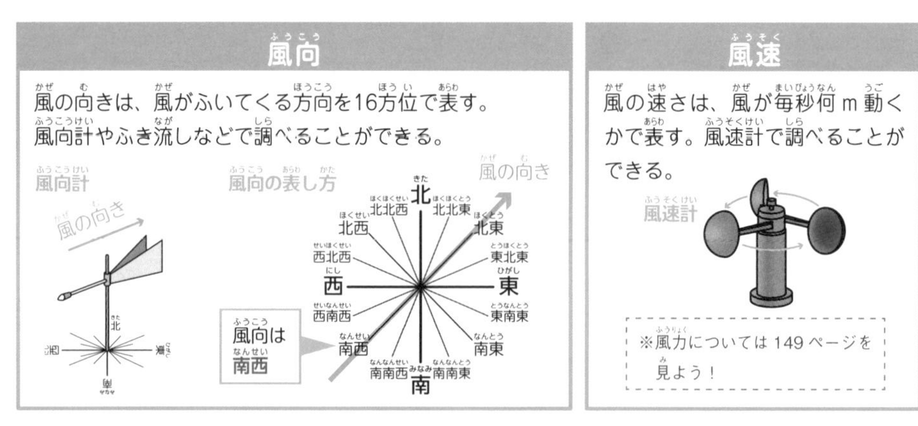

クイズ53の答え　太陽をイメージさせる花だから。

雨量の調べ方

降った雨の量を雨量(降水量)といいます。雨量は、そこが平らな容器にたまった水の深さで表すことができ、ふつう、mm(ミリメートル)で表します。

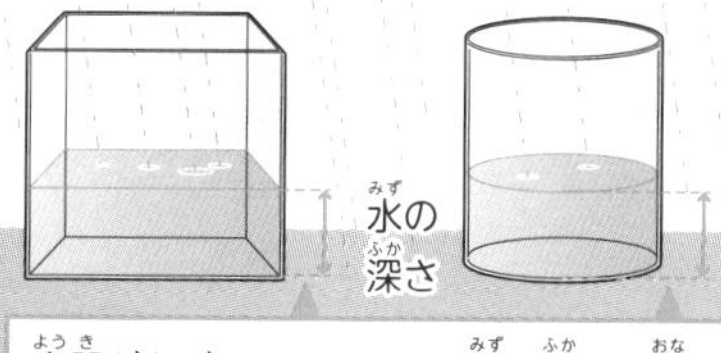

容器がちがっても、たまる水の深さは同じ！

雨量計

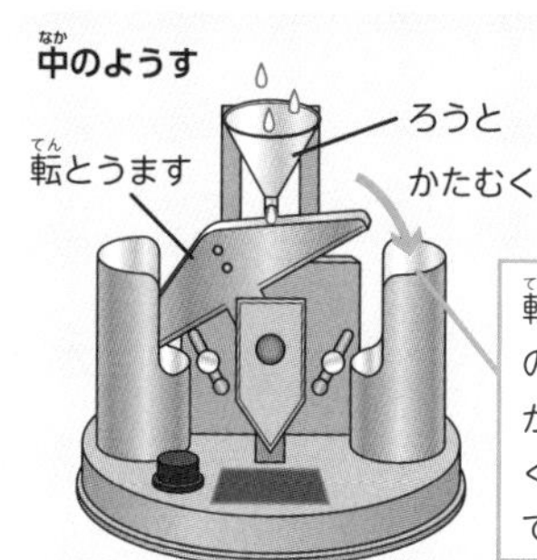

転とうますに0.5mmの雨がたまるとますが反対向きにかたむく。かたむいた回数で雨量をはかる。

雪やあられは、とかして水にしてから深さをはかるよ。

まめちしき

人が行う観測

気象観測の中には、人の目や耳で行っているものもたくさんあるんだ。雲量や雲の形は、各地の気象台で決まった時刻に観測されているよ。(一部、自動化されている地域もあります。)また、サクラがさいた日やアブラゼミが初めて鳴いた日など、季節ごとの生物のようすについても観測が行われているんだ。

まとめ

- 気象の観測には、気象衛星ひまわりや、アメダス（地域気象観測システム）などが利用されている。
- 集められた気象データは毎日の天気予報や、気候の予測などに使われる。

クイズ54 アメダスの「アメ」は「雨」？ (→答えは、170ページ)

4章 おさらい問題

1 地面の温度をはかりました。地面の温度のはかり方として正しいものを、ア～エから選びましょう。

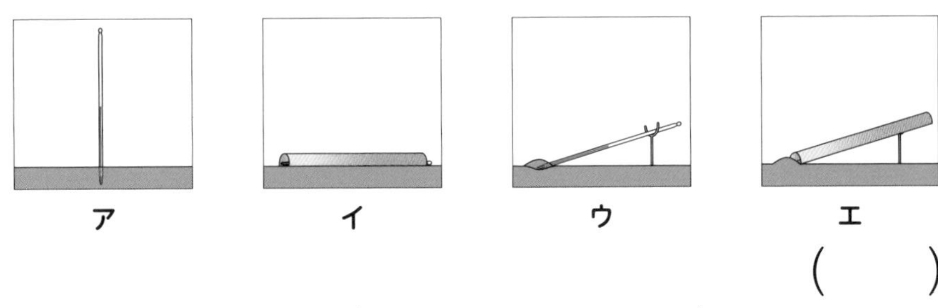

（　　）

2 雲や天気の説明です。（　）に入ることばを□からえらんで書きましょう。同じ言葉は一度しか使えません。

0～2	0～8	9～10	雨	動き	雲画像	アメダス

(1)空全体を10としたときにしめる雲の量が（　　　）のときを晴れ、（　　　）のときはくもりとする。

(2)雲には乱層雲や積乱雲のように（　　　）をふらせる雲がある。

(3)天気は雲の量や（　　　）によって変化する。

(4)（　　　）を見ると雲のようすがわかる。

(5)（　　　）は、気温、雨量(降水情報)などの気象観測を自動で行う。

3 一日の気温の変化を調べました。次の問題に答えましょう。

(1)次のグラフは、それぞれ晴れの日と雨の日、どちらのものですか。

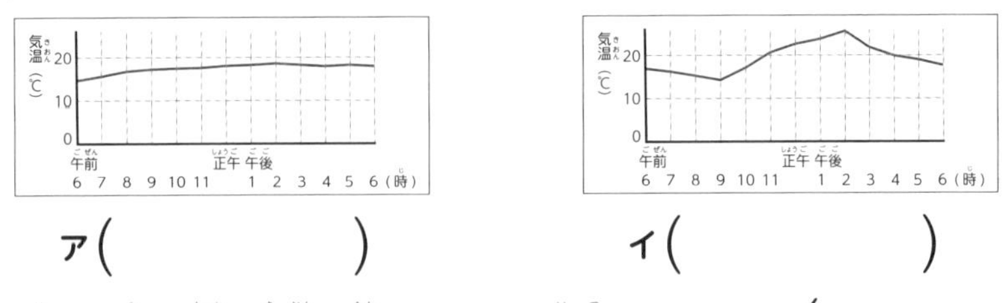

ア（　　　）　イ（　　　）

(2)晴れの日に、最も気温が高くなるのは、何時ごろですか。（　　　）

(3)雨の日の1日の気温の変化は、晴れの日とくらべてどうちがいますか。（　　　）

4 下の画像は、ある3日間の日本付近の雲の画像です。
次の問題に答えましょう。

23日　午後3時

仙台
福岡

24日　午後3時

25日　午後3時

(1)23日の午後3時の福岡の天気を、**ア**、**イ**から選んで(　)に書きましょう。
ア……晴れ　　　**イ**……くもりか雨　　　(　　　)

(2)3日間の仙台の天気について、**ア**、**イ**、**ウ**の中から最もあっているものを選んで(　)に書きましょう。
ア……3日間、ずっと晴れていた。
イ……23日はくもりや雨だったが、24日と25日は晴れた。
ウ……23日は晴れたが、24日と25日はくもりや雨だった。　　　(　　　)

(3)雲と天気はどちらからどちらへ移動したか、東西南北で答えましょう。
雲……(　　から　　へ移動した)　天気……(　　から　　へうつった)

5 右の図は10月のある日の台風の画像です。
この図を見て問題に答えましょう。

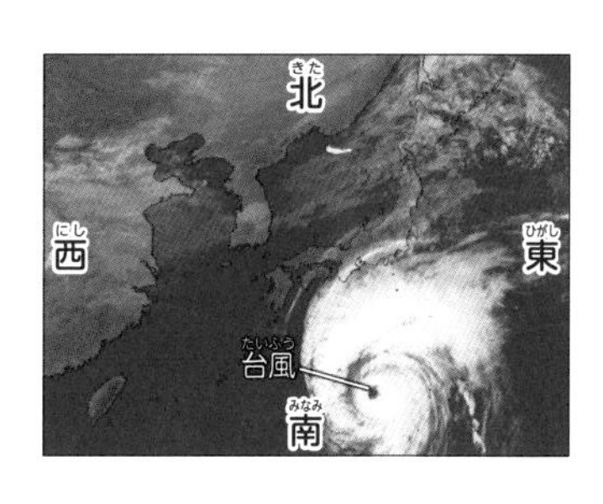

(1)台風の動きについて、(　)にあてはまる方位を答えましょう。
・台風は、日本のはるか(　　　)の海上で発生して、日本に近づくと、およそ(　　　)や東の方へ動くことが多い。

(2)台風が日本にいちばん多く近づく時期はいつでしょうか。
ア……冬から春　　**イ**……夏から秋　　**ウ**……秋から冬　　(　　　)

答え ※裏返して確認しましょう。

1 エ
2 (1)0～8、9～10　(2)雨　(3)動き　(4)雲画像
(5)アメダス
3 (1)ア…雨の日、イ…晴れの日　(2)午後2時ごろ
(3)あまり変化しない、(変わり方が小さい)
4 (1)イ　(2)ウ
(3)雲…西から東、天気…西から東
5 (1)南、北　(2)イ

チャレンジ!

湿度計を作ってみよう!

空気のしめりけ(湿度)は、天気の状態によってつねに変化しているよ。湿度が高いか、低いかは、天気のようすを知る大事な手がかりなんだ。湿度の変化を調べる湿度計を作ってみよう!

材料

- ペットボトル(500mL のもの)
- 画びょう(針の長いもの)
- 段ボール
- つまようじ
- ストロー

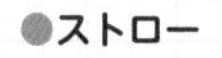

片方のはしを切ってとがらせる。

- セロハン

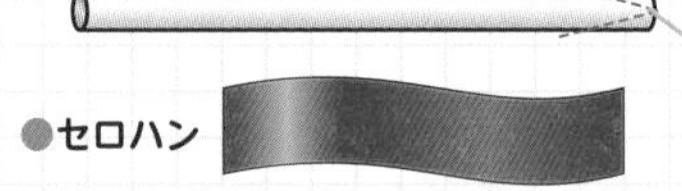

3cm ×15cm くらい

作り方

① 163ページの目もりカードを切り取り、ペットボトルにはりつける。

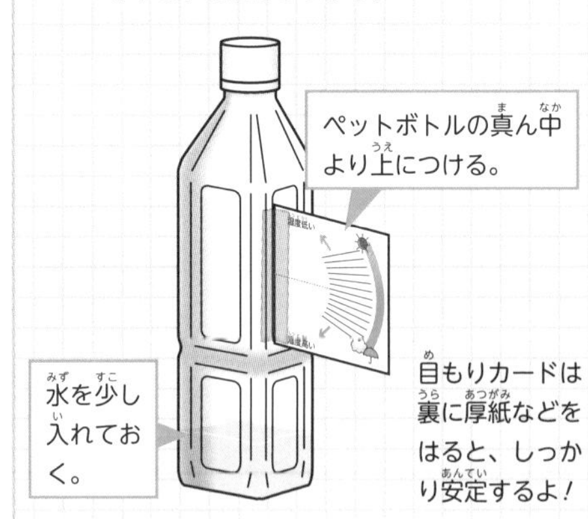

② 画びょうで、ペットボトルとストローに穴をあける。

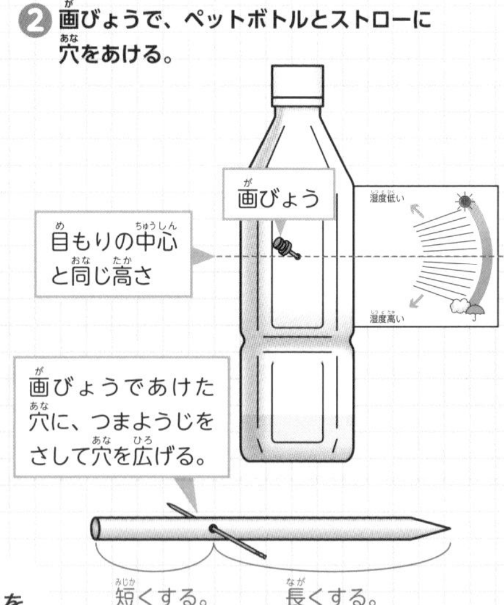

目もりカードはコピーを取ったり、ほかの紙に写し取ったりして使ってね!

③ ストローのとがっていないほうにセロハンをつけてから、画びょうでペットボトルに留める。

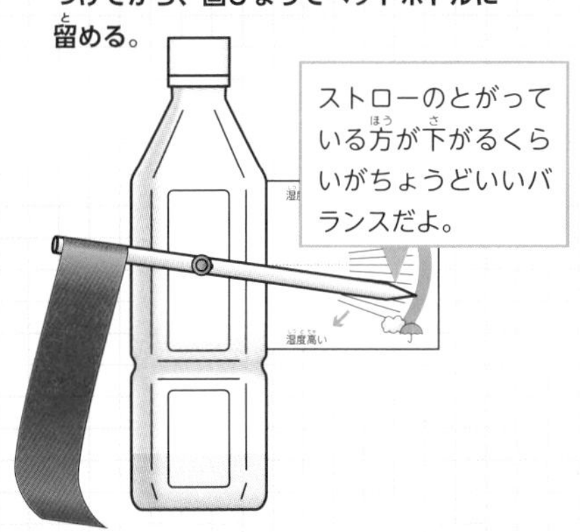

④ ペットボトルを段ボールに固定し、ストローが水平になるように、セロハンのはしを段ボールに留める。

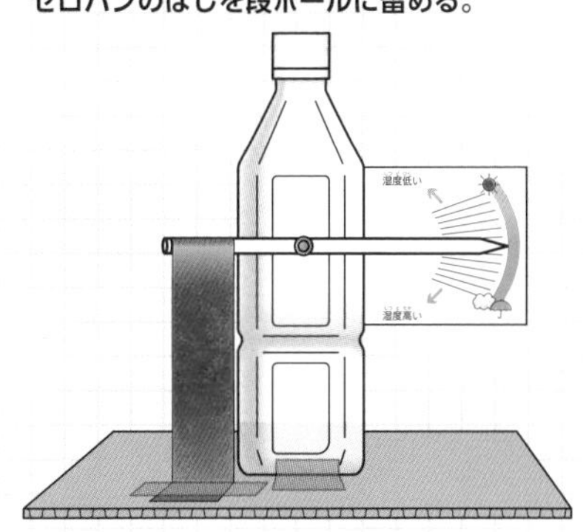

湿度計のしくみ

湿度が低くかんそうすると、セロハンが縮んで、針が上のほうを指して、湿度が高くしめってくると、セロハンがのびて、針が下のほうを指すよ。

湿度が低くなると天気がよくなり、高くなると悪くなることが多いよ。

湿度が低いとき

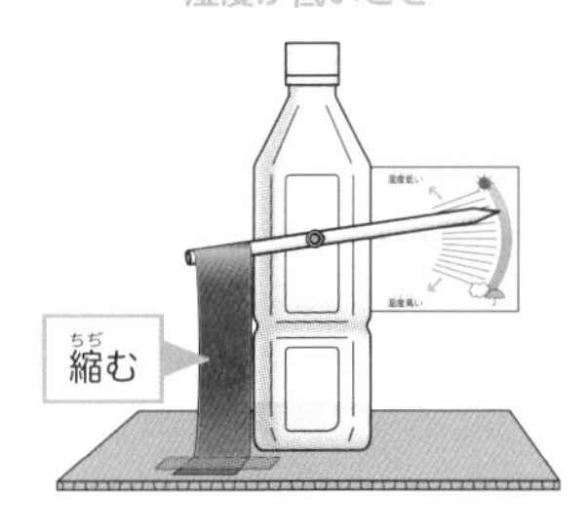

湿度が高いとき

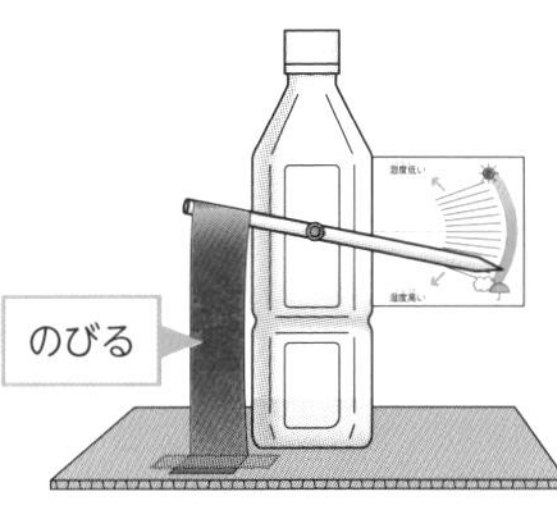

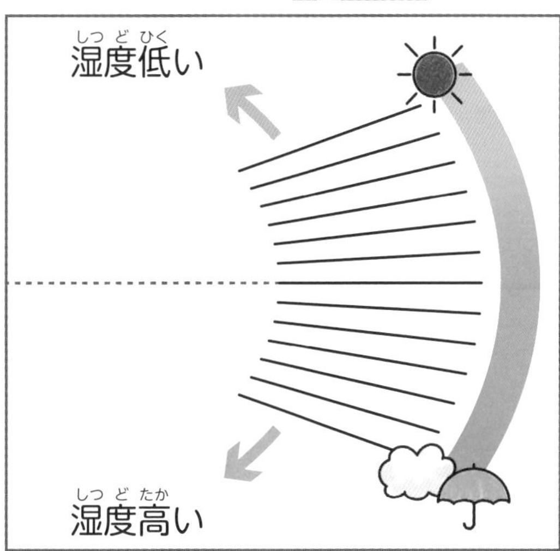

▲目もりカード

コラム

地球をめぐる水

水は、氷(固体)、水(液体)、水蒸気(気体)とすがたを変えながら、地球をめぐっているよ。

❶ 太陽のエネルギーなどによって、海や川、地表の水が蒸発し、水蒸気になる。

水蒸気

地球にある水の約97%は、海の水だよ。また、人が飲み水や農業などに利用できる水は、地球にある水全体の、わずか0.01%しかないんだ。

太陽系と水

地球は、表面の約70%が海でおおわれた水の惑星だよ。太陽系の中で、地表に液体の水が大量にある天体は地球だけだよ。これは、地球が太陽に近くもなく、遠くもなく、水が液体のすがたでいられる温度(0℃～100℃)に保たれているからなんだ。
液体の水は、生命にとってなくてはならないものだよ。地球が生命あふれる星になったのは、地球が太陽からちょうどいいきょりにあったからなんだ。

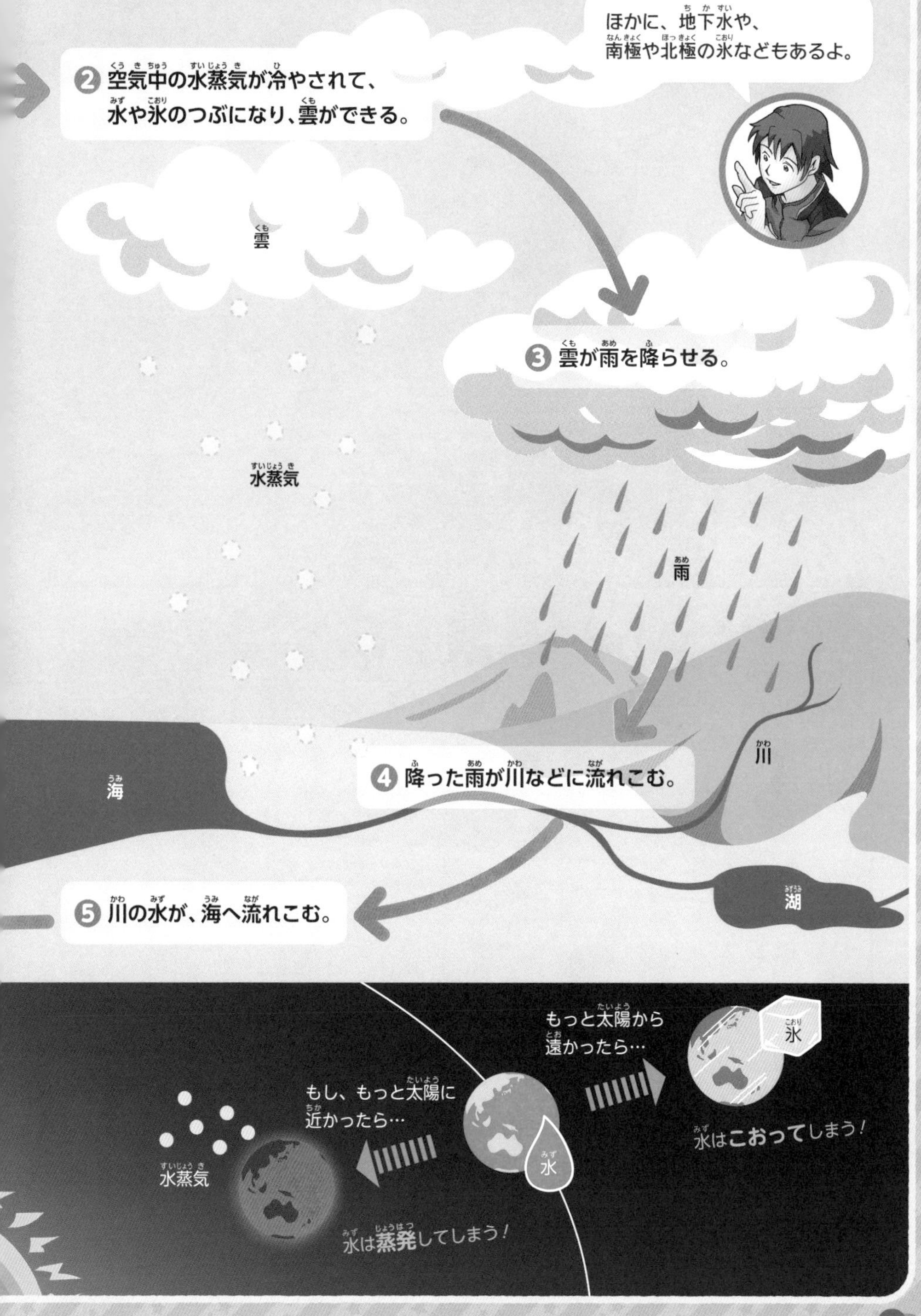
ほかに、地下水や、
南極や北極の氷などもあるよ。
❷ 空気中の水蒸気が冷やされて、
水や氷のつぶになり、雲ができる。
雲
❸ 雲が雨を降らせる。
水蒸気
雨
川
海
❹ 降った雨が川などに流れこむ。
❺ 川の水が、海へ流れこむ。
湖
もっと太陽から
遠かったら…
氷
もし、もっと太陽に
近かったら…
水
水はこおってしまう！
水蒸気
水は蒸発してしまう！

ドォオン
わあああっ
これが大岩!?
大きいいっ!!
大きな岩が重なって天然の小屋みたいになっているんだ
岩には海でできるものや火山でできるものがあるんだよ
ほーっ
岩にも種類があるんだね
!
ぐえ〜
山道きつかった〜
でもホントすごい大きさ！宙くんこれを見たかったんだ

み…
見つけた!!
アンモナイトの化石!!
ホラッ
やったーっ
本物だよっ
スゴーいっ!!
ひょっとして
見たかったのって
岩じゃなくて—…
うん！ ぼく化石が
大好きなんだ!!
本に大岩の
あたりは化石が
よく見られるって…
ああっ
大きいのも
ある♪
アンモナイトの
化石があるって
ことはこれは
海の中でできた
岩だね
えっ
海!?
ここ山の中
だよ？

地球はね
変化し続けて
いるのさ
大陸がお互いに
ぶつかったり
火山が噴火したり
してね
その大地の大きな
変化の中で海が陸に
なってしまうこともある
地球はそうして
46億年かけて
今の姿になったんだ
その地球に
生命は生まれ
命をつないで
きたんだよ
宙くんすごいよ
化石にそんなに
詳しいなんて!!
見られて
よかったね
そっか…!!
化石って
大昔の地球や
生命の様子が
わかる
タイムカプセル
なんだね!!

うん…
あ！雨だ
ん…私のは見つかるかな
つぎは環ちゃんの見たいモノを見に行こうよ！
えーっ!
雨降らないって言ってたのに～
ザァァァァ
大丈夫！にわか雨だからすぐ止むよ大岩の中で雨宿りしよう
わあっ
中にもアンモナイトの化石がいっぱい!!
地球の歴史の中で雨宿りするなんて最高だろ♬

流れる水のはたらき

水はどのように流れていくのかな。また、流れる水には、どのようなはたらきがあるのかな。川を例にして見ていこう。

雨が降る。

降った雨の一部は、蒸発して空気中に出ていく。

水蒸気

土にしみこまなかった雨や、しみこんだ水がわき出て集まり、川になる。

雨が土にしみこむ。

確認しよう

土のつぶの大きさと雨のしみこみ方

雨が土にしみこむ速さや、しみこんだ水が土を通りぬける速さは、土のつぶの大きさによってちがいます。

砂場の砂（つぶが大きい）

水がしみこみやすい

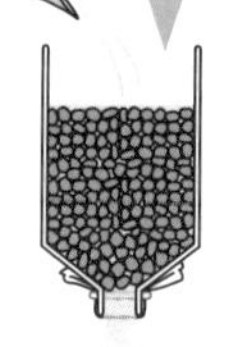

水が通りぬけやすく、水をためる力が小さい。

校庭の土（つぶが小さい）

水がしみこみにくい

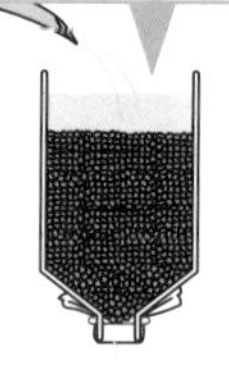

水が通りぬけにくく、水をためる力が大きい。

「Automated Meteorological Data Acquisition System」の略。

雨の水と川の水

山などに降った雨は、一部は蒸発し、残りは土にしみこんだり、川に流れこんだりします。水は高いほうから低いほうへと流れるため、川の水はやがて海に流れこみます。

川の水のもとは、雨なんだね！

川は高いほうから低いほうへと流れる。

川の水は、海へと流れこむ。

雨水の旅

クイズ55　水がわき出るところは、どんな土になっている？

流れる水のはたらき

流れる水には、しん食(けずるはたらき)、運ぱん(運ぶはたらき)、たい積(積もらせるはたらき)の3つのはたらきがあります。

実験1

土の山にみぞをつくり、水を流してみぞの変化を調べよう!

流れる水の速さに注目して、実験を見ていこう!

かたむきが大きいところ

- 水の流れが速い。
- 土がけずられ、みぞが深くなった。

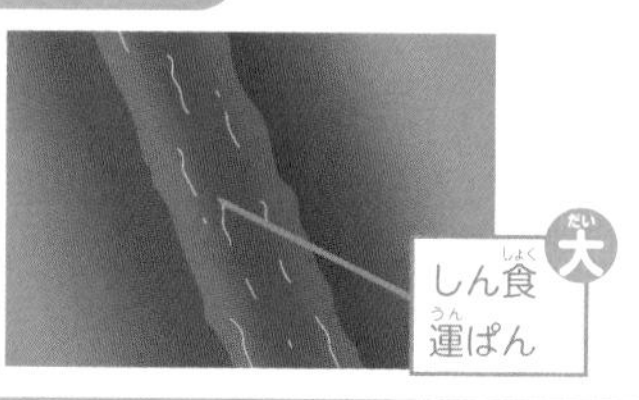

曲がって流れているところ

外側
- 水の流れが速い。
- 土がけずられ、みぞが深くなった。

内側
- 水の流れがおそい。
- 土が積もり、みぞが浅くなった。

かたむきが小さいところ

- 水の流れがおそい。
- 積もる土の量が多い。

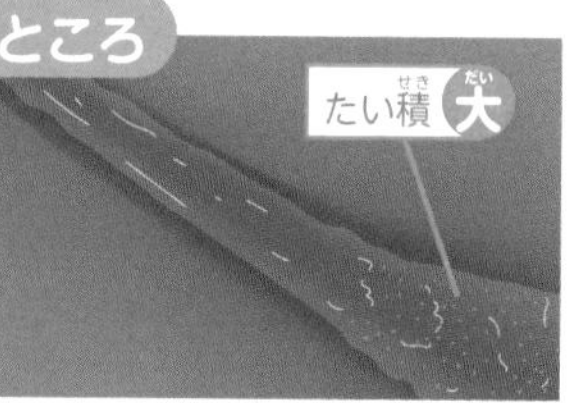

まめちしき

しん食、運ぱん、たい積のリレー

しん食によってけずり取られた土は、運ぱんされて、たい積するよ。しん食、運ぱん、たい積のはたらきは、ひとつながりになっているんだ。

クイズ55の答え つぶの細かいねん土や岩で、水を通しにくくなっている。

実験2 流す水の量を増やして、みぞの変化を調べよう！

水の量を増やすと……

わかったこと

流れる水の速さが速いところは、しん食、運ぱんのはたらきが大きく、流れる水の速さがおそいところは、たい積のはたらきが大きい。

かたむきが大きいところ

- 水の流れが速くなった。
- さらに土がけずられ、みぞが深くなった。

曲がって流れているところ

- 水の流れが速くなった。
- さらに土がけずられ、みぞが深くなった。

- 運ばれてくる土が増えて、積もる土の量が多くなり、みぞが浅くなった。

かたむきが小さいところ

- 運ばれてくる土が増えて、積もる土の量が多くなった。

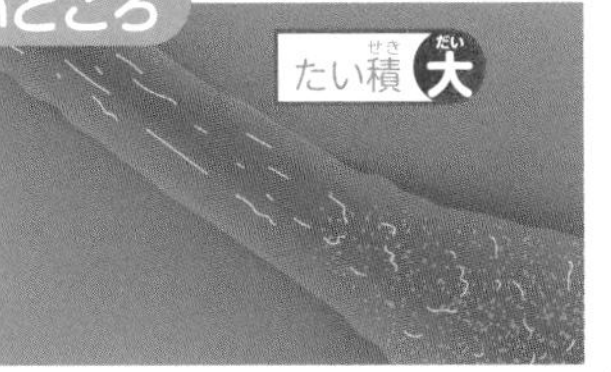

わかったこと

水の量を多くすると、流れる水の速さが速くなり、流れる水のはたらきが大きくなる。

まとめ

・流れる水には、しん食、運ぱん、たい積の3つのはたらきがあり、流れる水の速さによってはたらきの大きさが変わる。

かたむきが**大きい**ところ	曲がっているところの**外側**	水の量が**多い**ところ

↓

流れる水の速さが**速い**

↓

- **しん食**、**運ぱん**のはたらきが**大きい**
- **たい積**のはたらきが**小さい**

かたむきが**小さい**ところ	曲がっているところの**内側**	水の量が**少ない**ところ

↓

流れる水の速さが**おそい**

↓

- **しん食**、**運ぱん**のはたらきが**小さい**
- **たい積**のはたらきが**大きい**

川の水のはたらき

川は、場所によって流れる水の速さとまわりの様子が違っているよ。
どのような違いがあるのか見ていこう。

上流

中流

山から平地に出たあたり

川の上流、中流、下流

川は、場所によって、流れる水の速さや川のようすなどに特ちょうがあります。

上流（山の中）

	上流（山の中）
かたむき	大きい
流れる水の速さ	速い
水の量	少ない
川はば	せまい
川岸のようす	がけになっている
石の大きさと形	大きくて角ばっている
流れる水のはたらき	しん食、運ぱんのはたらきが大きい

前のページの土の実験と同じように流れる水の速さが、川のようすや流れる水のはたらきの大きさに関係しているんだね。

クイズ56の答え　約15年後。わき出るまでの時間は山や川によってちがうよ。

前のページの土の実験と似ているね！

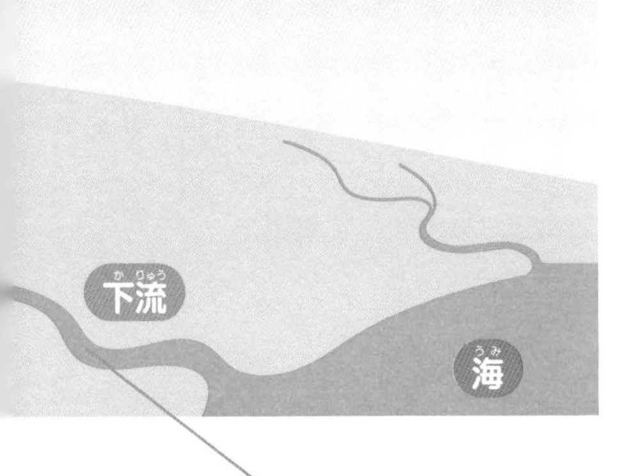

下流（平地）

小さい
おそい
多い
広い
川原になっている
小さくて丸みがある
たい積のはたらきが大きい

丸くなる

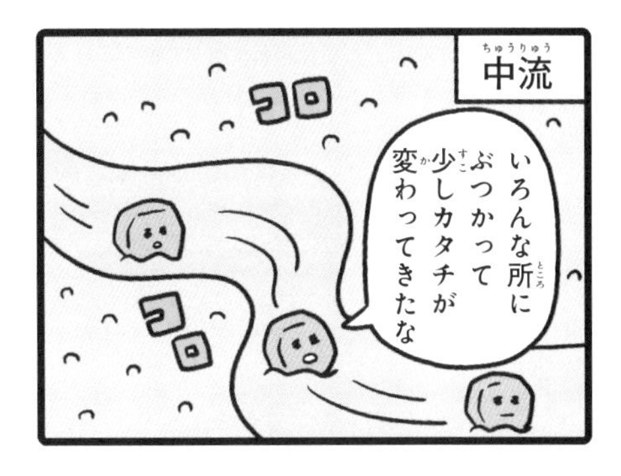

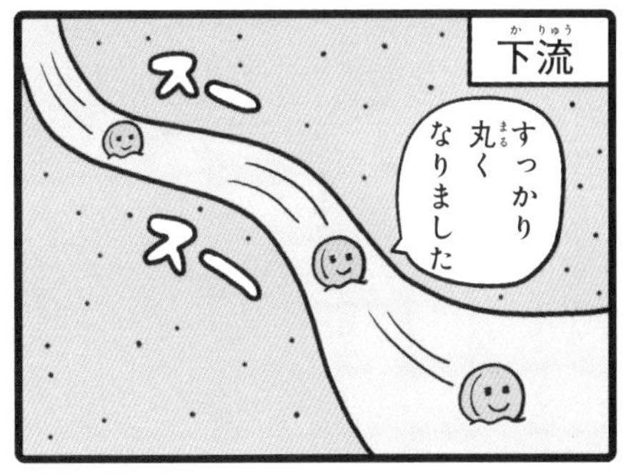

流れる水の速さと川のようす

川の中央と岸の近く、曲がって流れているところの内側と外側では、流れる水の速さや、川岸、川底のようすにちがいがあります。

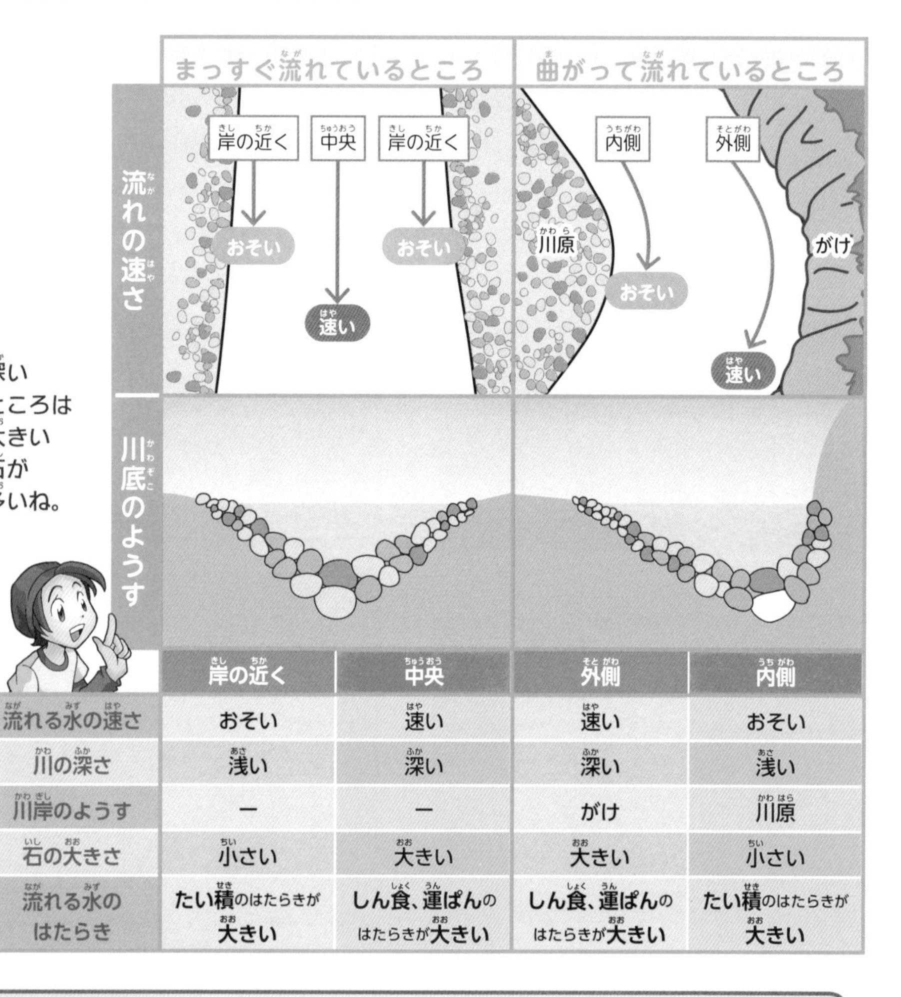

	岸の近く	中央	外側	内側
流れる水の速さ	おそい	速い	速い	おそい
川の深さ	浅い	深い	深い	浅い
川岸のようす	ー	ー	がけ	川原
石の大きさ	小さい	大きい	大きい	小さい
流れる水のはたらき	たい積のはたらきが大きい	しん食、運ぱんのはたらきが大きい	しん食、運ぱんのはたらきが大きい	たい積のはたらきが大きい

まめちしき

川は、見た目より深い！

川岸から見る川は、水中から空気中に出る光の進み方のために、実際の深さより浅く見えるよ。川に近づくときは気をつけよう。

クイズ57の答え　雪がとけて川に流れこむ春。

川がつくる地形

流れる水のはたらきによって、川にはさまざまな地形が見られます。

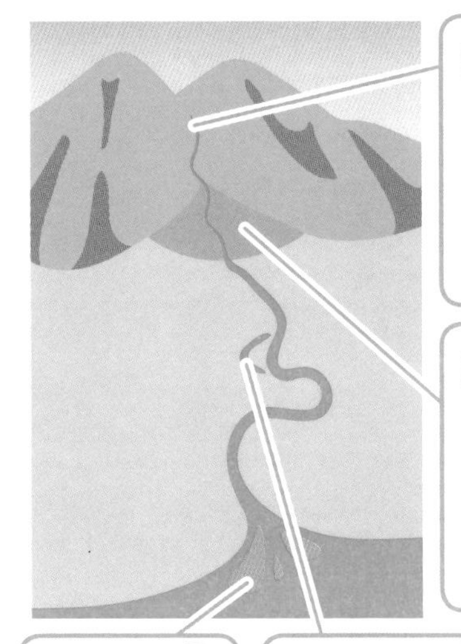

V字谷（しん食）

山がしん食されてできた深い谷。**上流**にできる。

せん状地（たい積）

「おうぎ」のような形に小石や砂がたい積してできた土地。山から**平地に出たあたり**にできる。

三角州（たい積）

川に砂などがたい積してできた土地。**河口**にできる。

三日月湖（しん食）（たい積）

三日月のような形をした湖。**平地**の、川が曲がりくねって流れているところで、しん食やたい積がくり返されてできる。

三日月湖のでき方

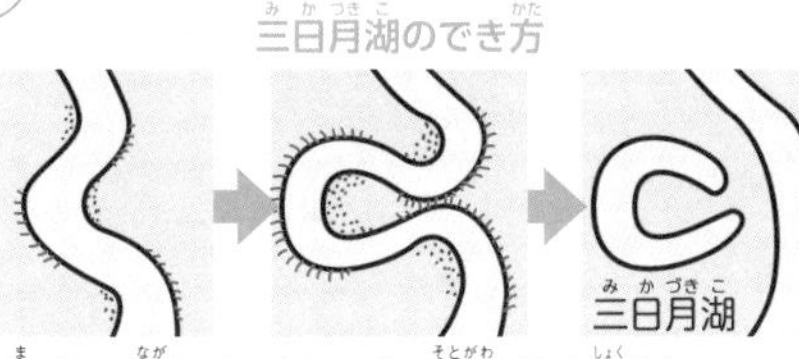

曲がって流れているところの外側がしん食され、内側に小石などがたい積して、川の曲がりかたが大きくなりとり残されると、三日月湖ができる。

- 川のようすは、流れる水の速さによって変わる。
- 川を流れる水の速さが速いところでは、しん食、運ぱんのはたらきが大きくなり、おそいところではたい積のはたらきが大きくなる。

しん食、運ぱんのはたらきが大きいところ	・上流、まっすぐ流れているところの中央 ・曲がって流れているところの外側
たい積のはたらきが大きいところ	・下流、まっすぐ流れているところの岸の近く ・曲がって流れているところの内側

クイズ58　川にみられる滝。長い年月が経つと、どうなる？

大雨と川の変化

大雨が降ると、川の水が増えてニュースになるね。川が増水するとどのようなえいきょうがあるのかな。また、その防ぎ方も見ていこう。

雨と川の水位

雨が降ると、降った雨の一部は川へ流れるので、川の水が増えます。

クイズ58の答え　流れ落ちる部分がしん食されて、上流側へうつっていく。

雨量と水位の変化

雨量と水位（水の深さ）のグラフを比べると、雨が降ると川の水位が上がることがわかります。

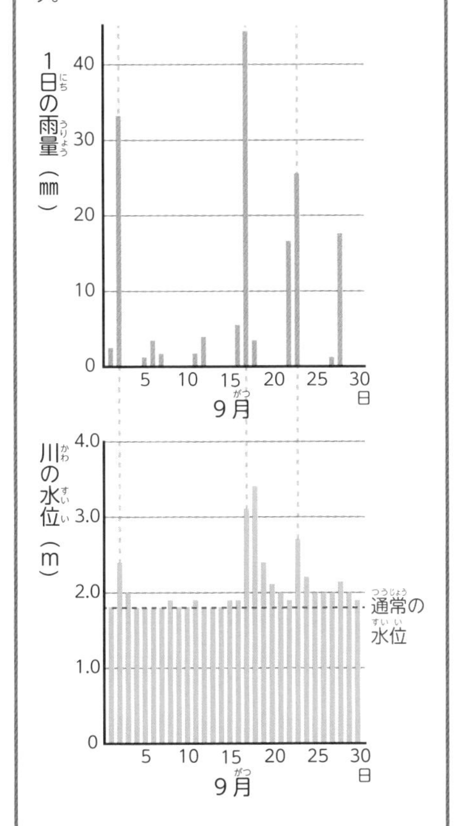

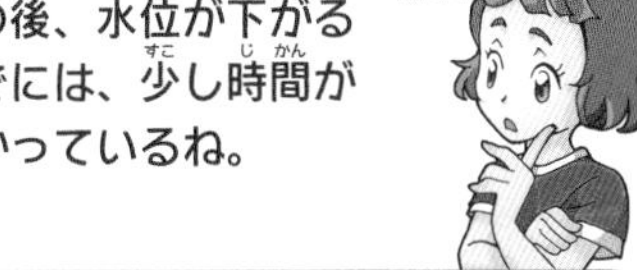

まめちしき　大雨特別警報

大雨による災害が予想されるときには、警報が出されるよ。その中でも大雨特別警報は、数十年に一度の大雨が予想されるときに出される警報だよ。

頼りになる味方

川と災害

大雨によって川の水が増えると、川がはんらんし、こう水などの災害が起きることがあります。

流れる水のはたらきとこう水

大雨で川の水が増え、流れる水の速さが速くなる。

流れる水のはたらきが大きくなり、川岸や川底がしん食される。

川の水があふれて、こう水が起きる。

まめちしき

都市型水害

山などに降った雨は土にしみこむけれど、アスファルトでおおわれた地面に降った雨はしみこむことができないよ。だから、都市では、大雨が降ると急激に川の水が増えたり、町が水びたしになったり、地下街に水が流れこんだりすることがあるんだ。このような災害を都市型水害というよ。

森や土の地面には、雨水をたくわえてこう水を防ぐはたらきもあるんだ。

クイズ59の答え　「避難準備・高齢者等避難開始」「避難勧告」「避難指示」など

川の災害を防ぐ工夫

こう水などの災害を防ぐために、川にはいろいろな工夫がされています。

流れる水の量を調節する工夫

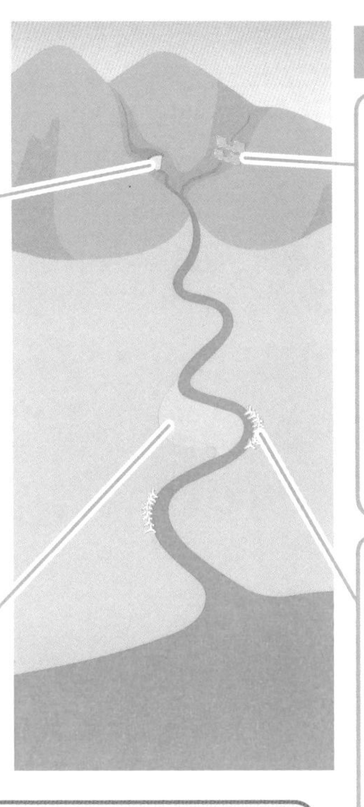

ダム

雨水をたくわえて、下流へ流す川の水の量を調節する。**上流**につくられる。

黒部ダム（富山県）

遊水地

川の水が増えたときに、一時的に水をたくわえる。**平地**につくられる。

しん食を防ぐ工夫

砂防ダム

川底がしん食されたり、土や砂が一度に流されたりするのを防ぐ。**上流**につくられる。

ブロック

川の**曲がっているところの外側**に置いて、川岸がしん食されるのを防ぐ。

確認しよう

ハザードマップ

こう水などの災害が起きたとき、どこに、どのくらいの被害が出るかを予想してつくられた地図をハザードマップ（防災地図）といいます。

江東５区ハザードマップ

日ごろから、災害に備えることが大切なんだね！

まとめ

- 大雨で川の水が増えると、流れる水のはたらきが大きくなり、こう水などの災害が起きることがある。
- 川の災害を防ぐために、川には、ダムや砂防ダム、ブロック、遊水地など、流れる水のはたらきに合わせた工夫がされている。

クイズ60　「避難勧告」と「避難指示」。より緊急性が高いのは？

地層のでき方

地面の下にある地層は、どのようにしてできたのかな。
また、どのようなつぶからできているのか、その特ちょうを見ていこう。

地層

がけなどに見られる、れき、砂、どろ、火山灰などが積み重なって層になったものを地層といいます。地層は下から上へと積み重なるので、下にある層ほど古くなります。

流れる水のはたらきでできた地層

流れる水のはたらきによって川から運ばれてきた土砂は、河口近くから、つぶが大きくて重いれき、砂、どろの順にたい積します。

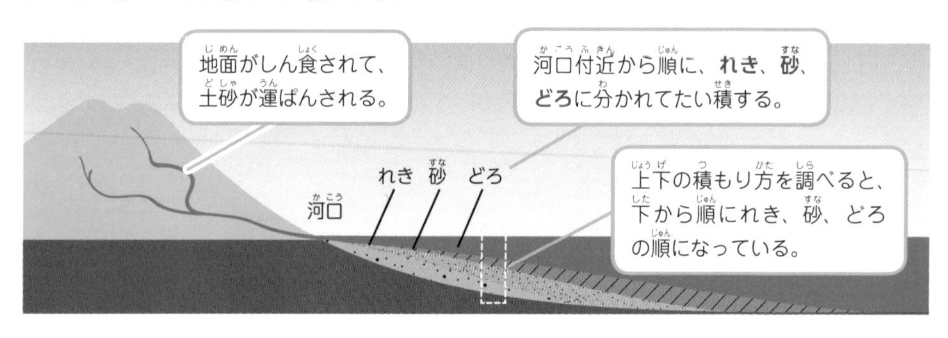

クイズ60の答え　避難指示。ただちに身を守る行動をおこす必要がある。

確認しよう

地層を観察するとき以下に気をつけよう

- がけにのぼらない。
- 勝手に土を取らない。
- 岩石などを観察するときは、安全めがねを着用する。

しまもようが遠くまで水平につながっているね！

流れる水のはたらきでできた地層にふくまれるつぶ

流れる水のはたらきでできた地層にふくまれるつぶは、**丸みのある形**をしている。

	れき	砂	どろ
つぶの大きさ	直径2mm以上	直径0.06～2mm	直径0.06mm以下
	大 ←→ 小		

地層

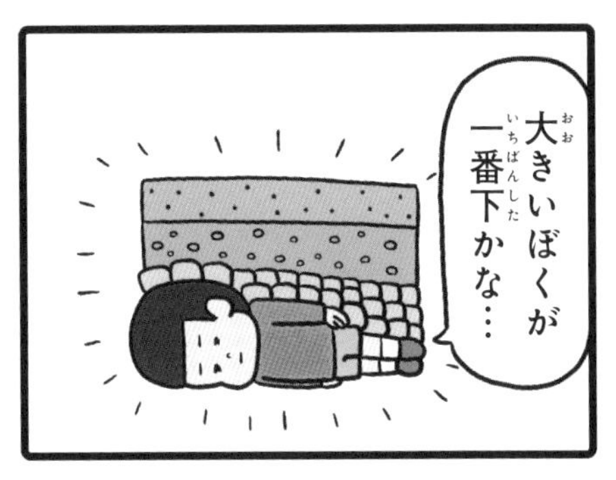

たい積岩

流れる水のはたらきによってたい積したれき、砂、どろなどが、長い年月の間に上の地層の重みなどでおし固められてできた岩石をたい積岩といいます。

れき岩

れきや砂などが固まってできている。

砂岩

砂が固まってできている。

でい岩

どろが固まってできている。

化石

大昔の生き物や、生き物のすんでいたあとなどが残ったものを化石といいます。

足あとや、ふんの化石などもあるよ。

魚の化石

示準化石

限られた期間、広い地いきに生息した生物の化石で、地層ができた**年代**を知ることができる。

アンモナイトの化石

三葉虫	アンモナイト	マンモス
古生代 5億4000万年前～2億5000万年前	中生代 2億5000万年前～6600万年前	新生代 6600万年前以降

示相化石

特ちょうのある環境にくらす生物の化石で、地層ができた場所の**環境**を知ることができる。

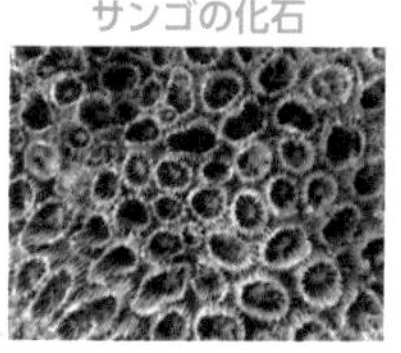
サンゴの化石

サンゴ	アサリ	シジミ
あたたかくて きれいな**浅い海**	**浅い海**	**湖**や **河口**の近く

クイズ61の答え　ある時代の層を境に化石が出なくなるので、絶めつ時期が分かる。

まめちしき

化石のでき方

化石は、水の中にある動物の死がいなどの上にどろや砂がたい積してできるよ。陸にすむきょうりゅうなども、水に流されるなどして化石になるんだよ。

水辺で死んだ生き物の死がいが水にしずむ。

死がいの上にどろや砂がたい積して、化石になる。

火山のはたらきでできた地層

火山がふん火して、火山灰などが降り積もると地層ができます。

火山のはたらきでできた地層にふくまれるつぶ

火山のはたらきでできた地層にふくまれるつぶは、**角ばった形**をしている。

火山灰のつぶを拡大したようす

まめちしき

火山灰の層の厚さ

火山灰が降り積もってできる地層の厚さは、火山に近いほど厚くなるよ。また、ふん火が大きいほど厚くなるんだ。

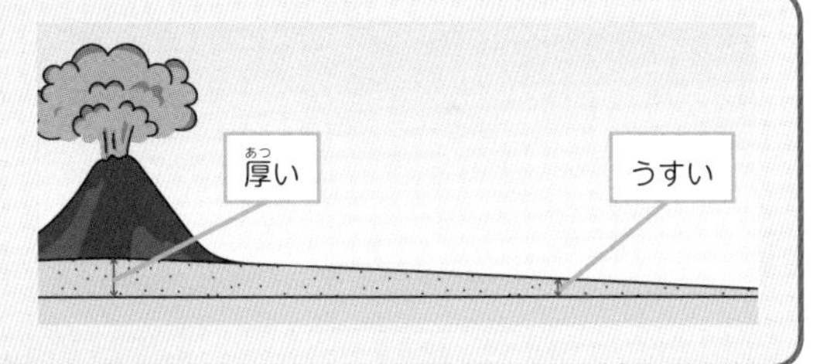

まとめ

- 地層には、流れる水のはたらきでできるものと、火山のはたらきでできるものがある。
- 流れる水のはたらきでできた地層にふくまれるつぶは丸みのある形をしていて、火山のはたらきでできた地層にふくまれるつぶは角ばった形をしている。

	流れる水のはたらきでできた地層	火山のはたらきでできた地層
ふくまれるつぶ	れき 砂 どろ	火山灰 角ばった石 穴のあいた石
つぶの形	**丸み**がある	**角ばって**いる

地層の変化・地層の読み取り

地層の変化を読み取ると、その土地の歴史を知ることができるよ。
地層の調べ方や、変化の特ちょうを見ていこう。

柱状図

地面の下の地層のようすは、ボーリング調査などで調べることができます。ボーリング調査からわかった地層のようすを表した図を柱状図といいます。複数の地点の柱状図を比べると、地層のつながりやかたむきについて調べることができます。地層は広いはん囲に広がっているので、地層の重なり方から、地層のつながりを知ることができます。

柱状図を使うと、見えない地面の中のようすを表すことができるんだね。

地層のつながりと柱状図

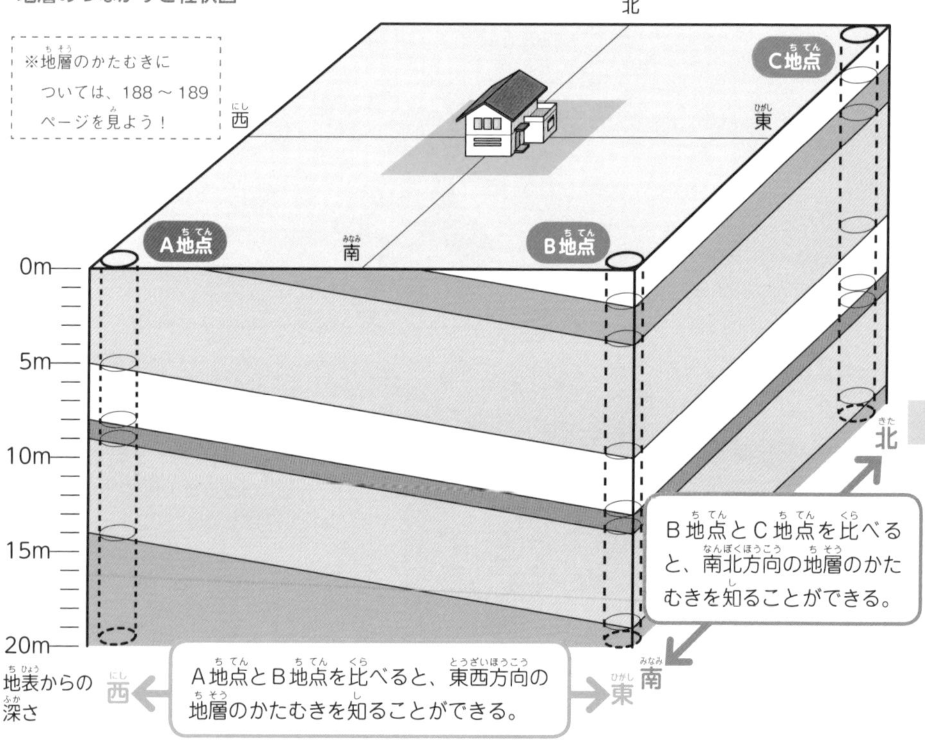

※地層のかたむきについては、188～189ページを見よう！

クイズ62の答え　アンモナイト。北海道などでよく見つかる。

ボーリング

確認しよう

ボーリング調査

建物を建てるときなど、地面の下のようすを調べるときに行われます。機械でつつを地面にさしこみ、地面の下の土をほり出します。

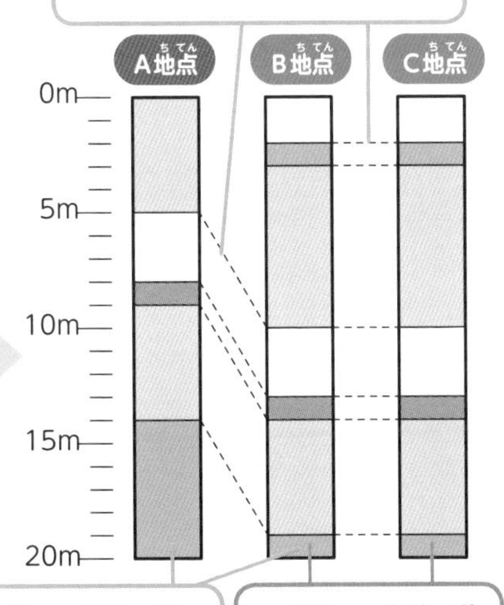

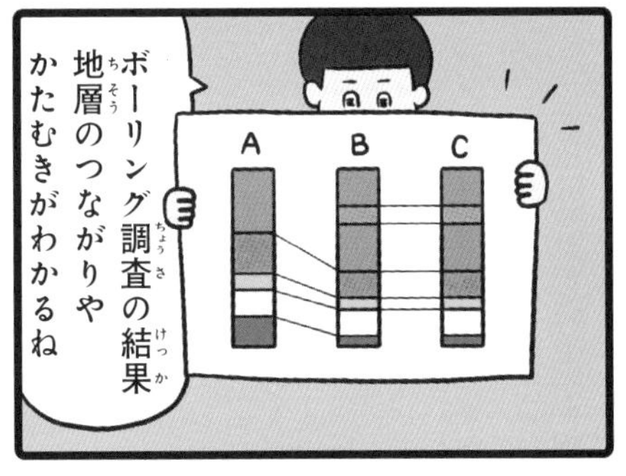

クイズ63 地層のつながりを調べるときに手がかりとなるのは何の層？

地層の変化

地層は、長い年月の間に大きな力を受けて、かたむいたり曲がったり、さまざまに変化することがあります。

しゅう曲

左右からおす力が加わって曲がった地層。

断層

左右方向に力が加わってずれた地層。引く力が加わったものが正断層、おす力が加わったものが逆断層。

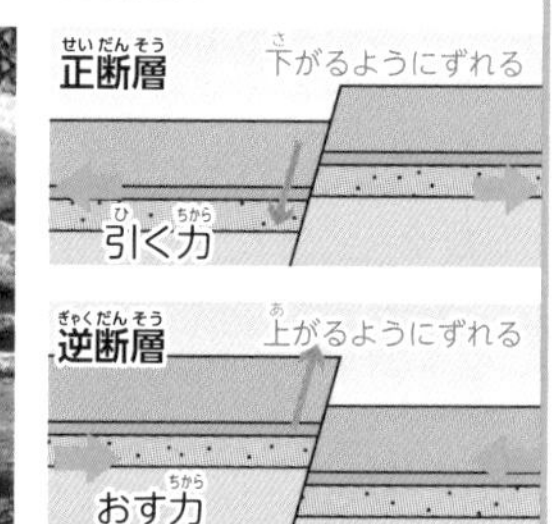

不整合

下の層と上の層の間に時間的なつながりがない地層。

不整合のでき方

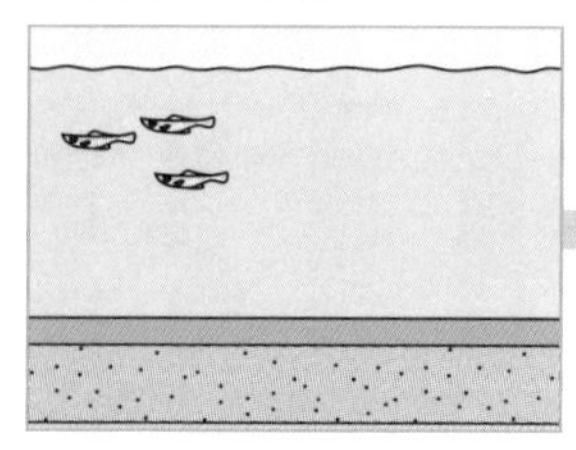

海の底にれき、砂、どろがたい積して地層ができる。

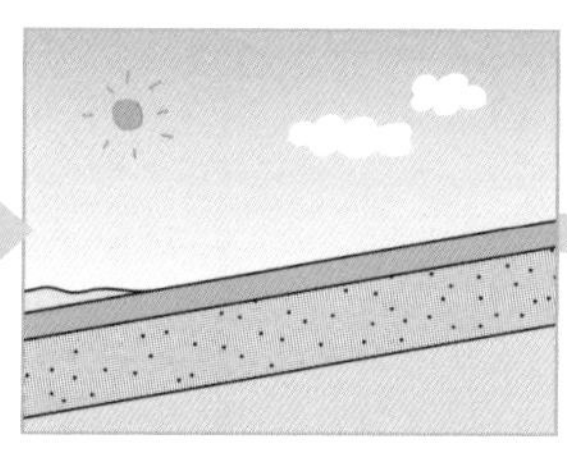

地層がおし上げられたり(りゅう起)、海面が下がったりして、陸になる。

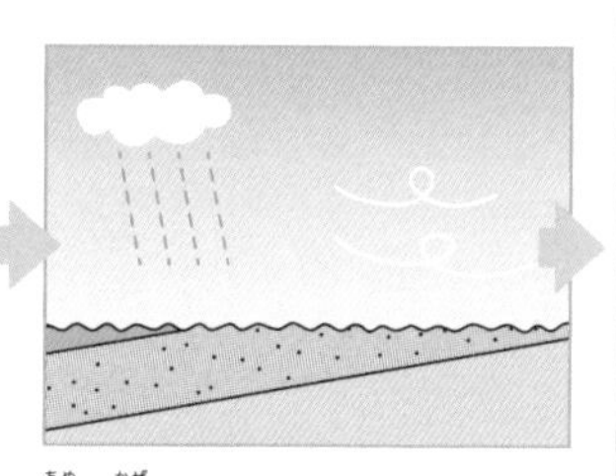

雨や風などによって、地層がしん食される。

地層がしずんだり(ちん降)、海面が上がったりして、再び海になる。

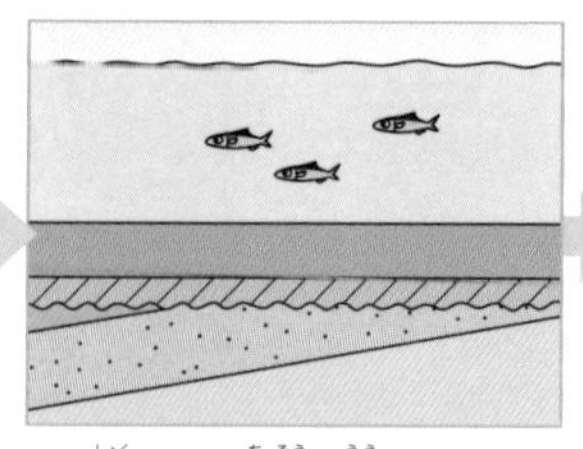

しん食された地層の上に、れき、砂、どろがたい積する。

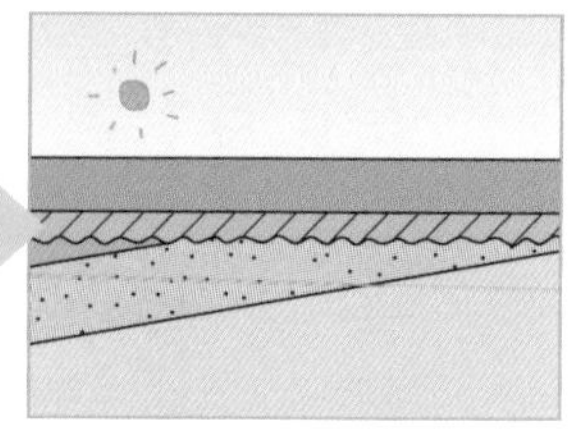

再び地層がおし上げられて、陸に現れる。

クイズ63の答え　同じ時期に、広いはん囲に降り積もる火山灰の層。

地層の読み取り

地層の特ちょうを観察すると、その土地の歴史を知ることができます。

やってみよう！

(図1)の地層がどのようにしてできたのか、地層に起きた出来事を順に考えてみよう！

(図1)

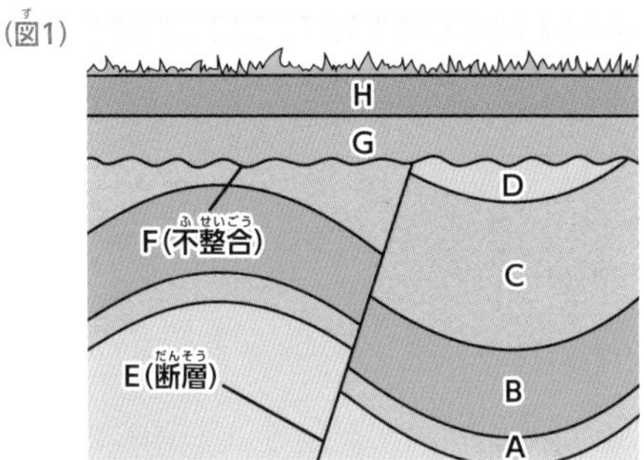

(図1)の地層ができるまで

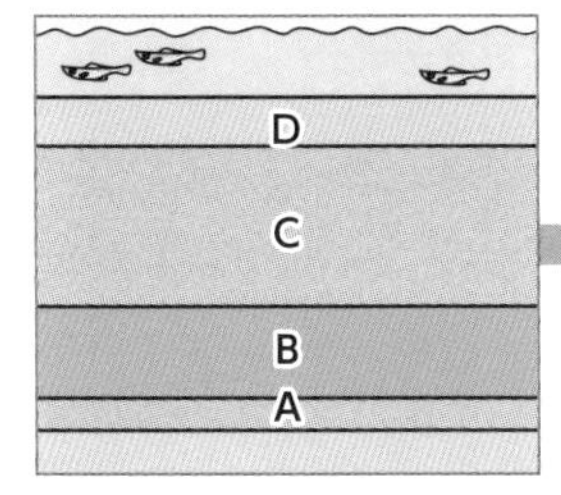

海の底で、A～Dの順に地層がたい積した。

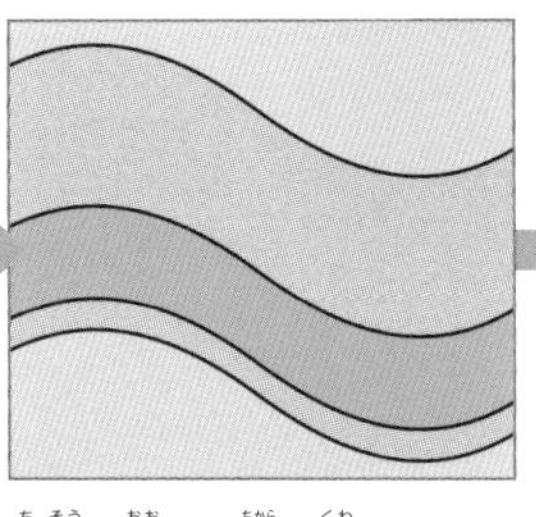

地層に大きな力が加わって、しゅう曲した。

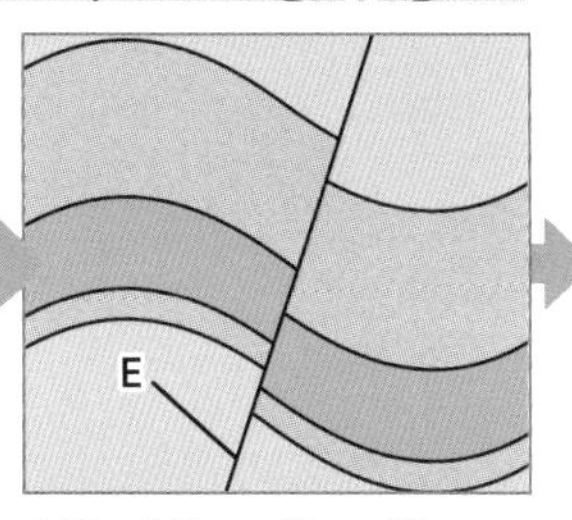

地層の左右から大きな力が加わって、Eの断層ができた。

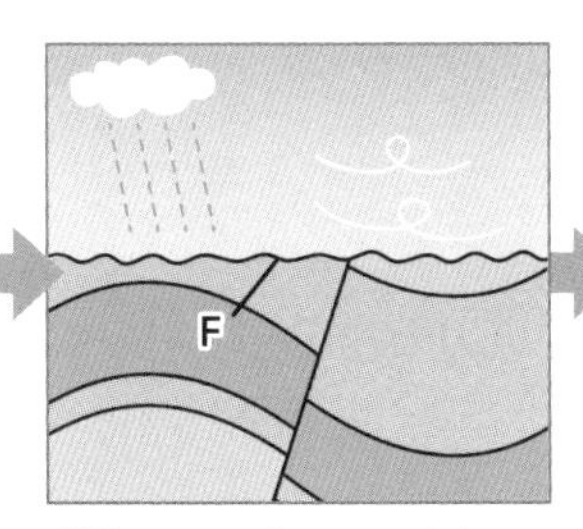

地層がりゅう起してしん食され、Fの不整合面ができた。

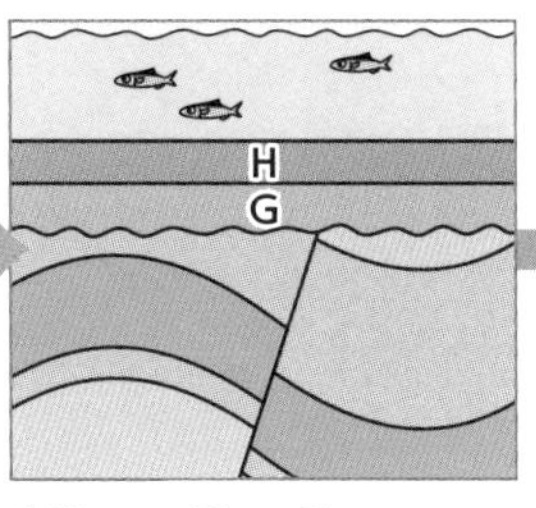

地層がちん降して海になり、G、Hの層がたい積した。

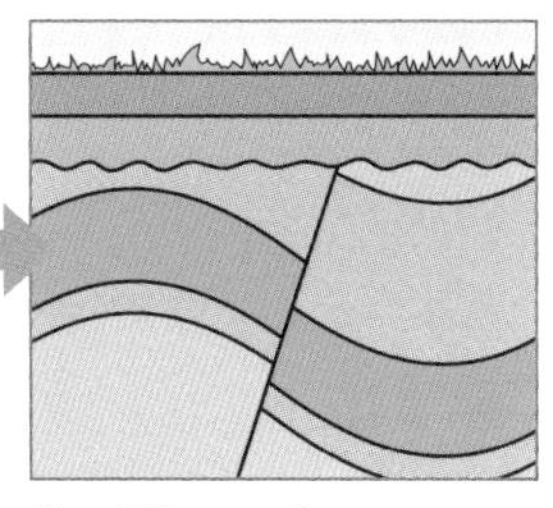

再び地層がおし上げられて、陸に現れた。

- 柱状図を比べると、地層のつながりを知ることができる。
- 地層は、大きな力を受けて、長い年月の間に変化する。
- 地層の変化を読み取ることで、その土地の歴史を知ることができる。

クイズ64　上にある層が、下にある層より古いことはある？

地震

地震はどのようにして起こるのかな？
地震の規模やゆれの表し方、ゆれの伝わり方などを見ていこう。

マグニチュードと震度

地震の規模はマグニチュードで表し、ある地点で感じる地震のゆれの大きさは震度で表します。

震度

地震のゆれの大きさを表す基準。10段階に分かれていて、値が大きいほどゆれが大きい。

震度の表し方

7	6強	6弱	5強	5弱	4	3	2	1	0

ゆれ大 ⟷ 小

震央

震源の真上の地表の地点。

震源に近い場所は、震度が大きい。

震源の深さ

震源

地震が発生した場所。

地震のゆれは、震源から広がるように伝わっていく。

マグニチュード

地震の規模（エネルギーの大きさ）を表す基準。マグニチュードが１大きくなると、エネルギーの大きさは32倍になる。東北地方太平洋沖地震（東日本大震災を引き起こした地震）のマグニチュードは9.0。

マグニチュードが同じ地震でも…

震源が浅いと、震央の震度が大きくなる。

しゅう曲が大きくなると、古い層が新しい層の上になることがある。

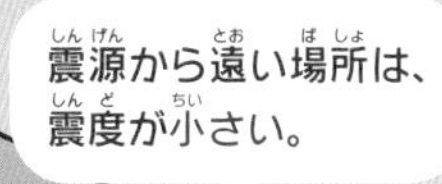

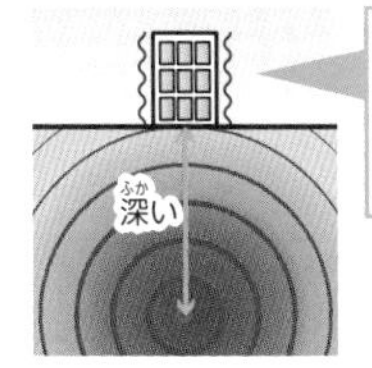

震源が深いと、
震央の震度が
小さくなる。

震度

クイズ65　震度0ってどんなゆれ？

地震の波

地震のゆれを伝える波には、P波とS波の2種類があり、波の特ちょうや、伝わる速さにちがいがあります。地震のゆれは、地震計を使って調べることができます。

まめちしき

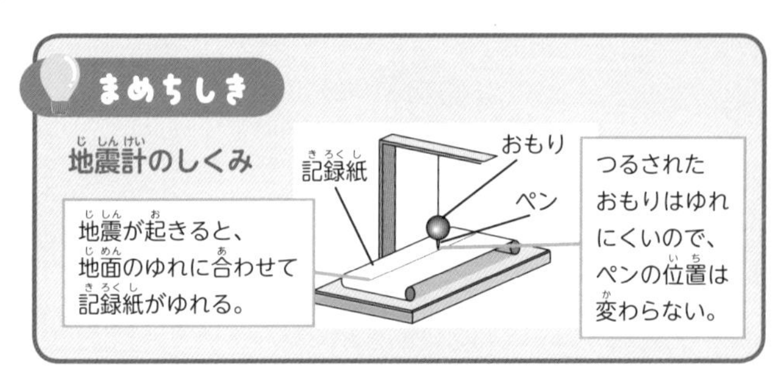

地震計の記録

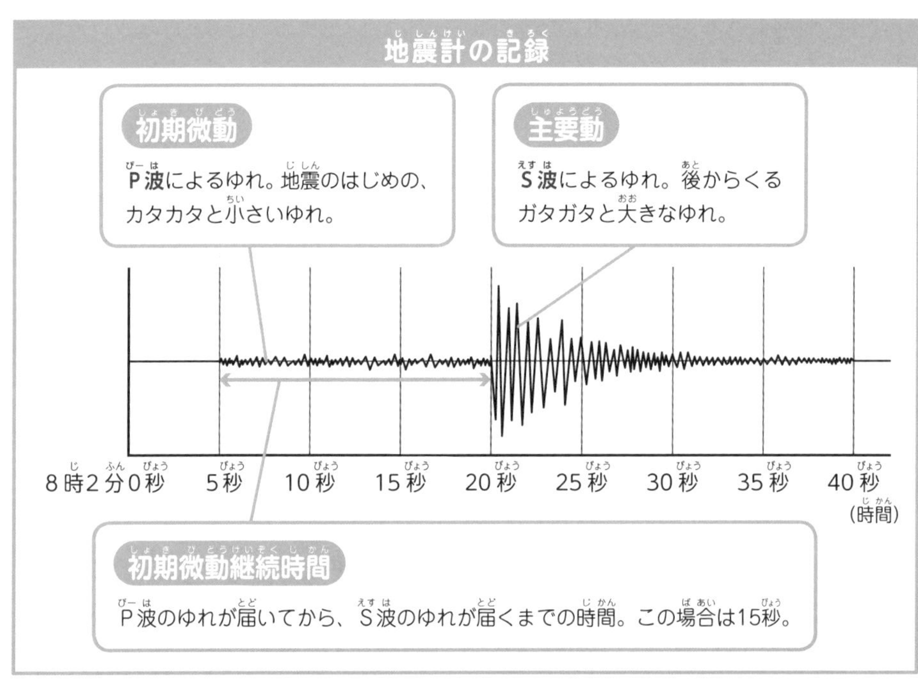

P波

- 波が伝わる方向にゆれる。縦波。
- **小さなゆれ**を起こす。
- 伝わる速さが**速い**。

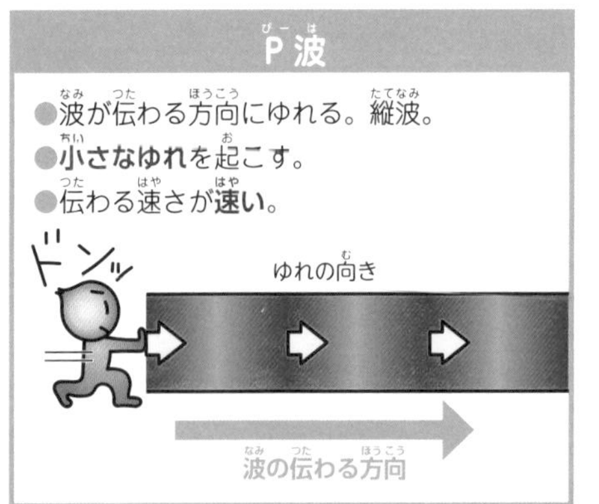

S波

- 波が伝わる方向と直角にゆれる。横波。
- **大きなゆれ**を起こす。
- 伝わる速さが**おそい**。

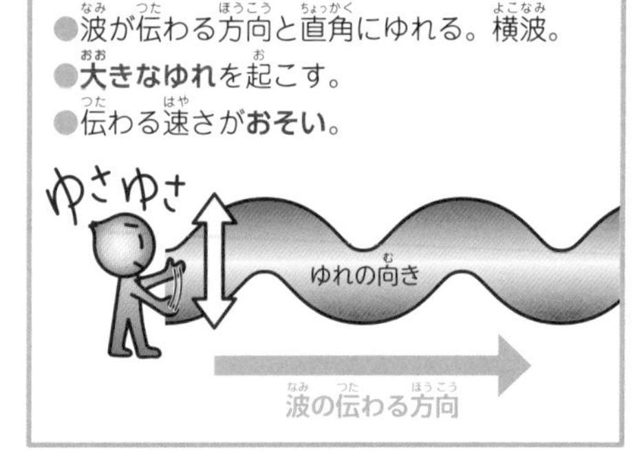

クイズ65の答え　地震計には記録されるけれど、人は感じないくらいのゆれ。

震源からのきょりとゆれの伝わり方

地震が発生してからゆれが伝わるまでの時間や、初期微動継続時間は、震源からのきょりに比例します。

やってみよう！

P波とS波の速さを計算しよう！

震源から遠ざかるほど、初期微動継続時間が長くなるね。

初期微動継続時間

震源からのきょりに比例する。

震源からのきょり（km）　160　80

P波　S波

0　10　20　30　40　50　60

地震発生からの時間（秒）

P波の速さ

震源から80kmの地点に10秒で伝わったので、P波の速さは

80÷10＝8 → 秒速8km

S波の速さ

震源から80kmの地点に20秒で伝わったので、S波の速さは

80÷20＝4 → 秒速4km

まめちしき

緊急地震速報

緊急地震速報は、震源近くの地震計がとらえたP波のゆれをもとに、ゆれの強さを計算して、大きなゆれを起こすS波が届く前に注意をうながすものだよ。

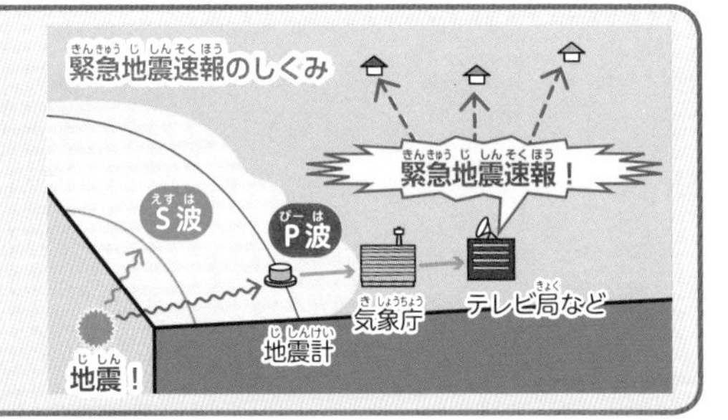

・地震の規模はマグニチュード、地震のゆれの大きさは震度で表す。
・地震のゆれを伝える波にはP波とS波があり、P波は伝わる速さが速く、小さなゆれを起こし、S波は伝わる速さがおそく、大きなゆれを起こす。

火山

火山はどうやってふん火するのかな。また、火山の種類や、ふん火によってできる火成岩には、どんなものがあるのかな。

火山のふん火

火山のふん火は、地下深くにあるマグマが上がってくることで起きます。

火山灰

ふき出したマグマが、細かいつぶになって固まったもの。

よう岩

マグマが地表に流れ出たもの。冷えて固まると岩石(火山岩)になる。

マグマ

地下深くの岩石が、高温でとけたもの。

ゆれの伝わり方で、地面の中のようすを調べるため。

ふん火

火山がふん火すると、
マグマがもとになった
さまざまなものが
ふき出すのね。

軽石

ふき出したマグマが固まってできた、細かい穴がたくさんあいた白っぽい石。

火山弾

ふき出したマグマが、空中で冷え固まってできた石。

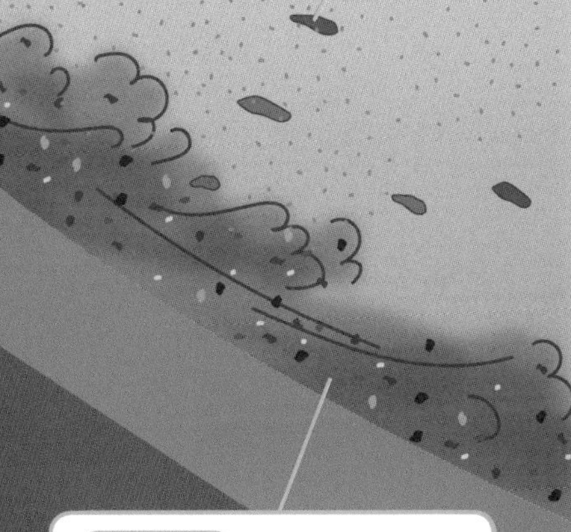

火さい流

高温のガスや火山灰、よう岩が固まってできた石などが、高速で山のしゃ面を流れ降りる現象。

クイズ67 富士山が最後にふん火したのはいつ?

マグマのねばりけと火山の形

火山のふん火のようすや火山の形は、マグマの性質によって変わります。

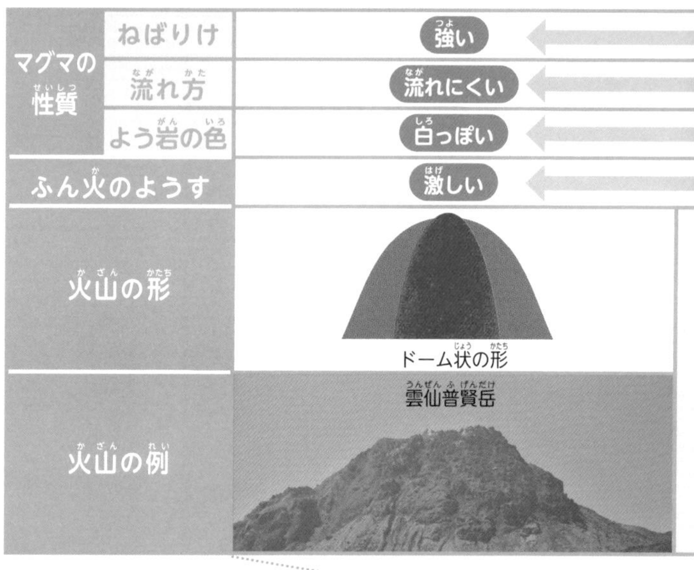

マグマのねばりけに注目して、表を見てみよう！

火成岩

マグマが冷え固まってできた岩石を火成岩といいます。火成岩は、できかたによって火山岩と深成岩に分けることができます。

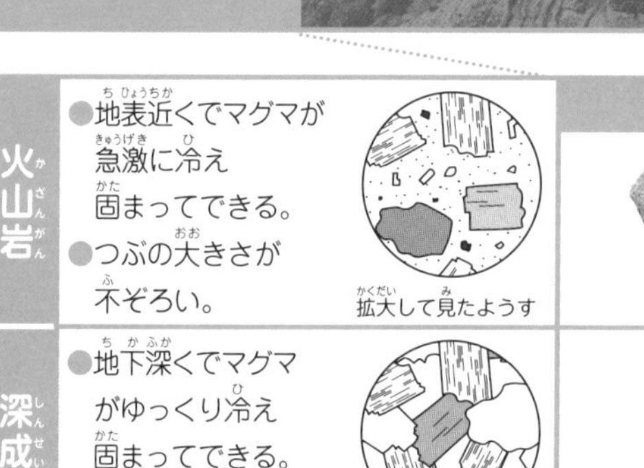

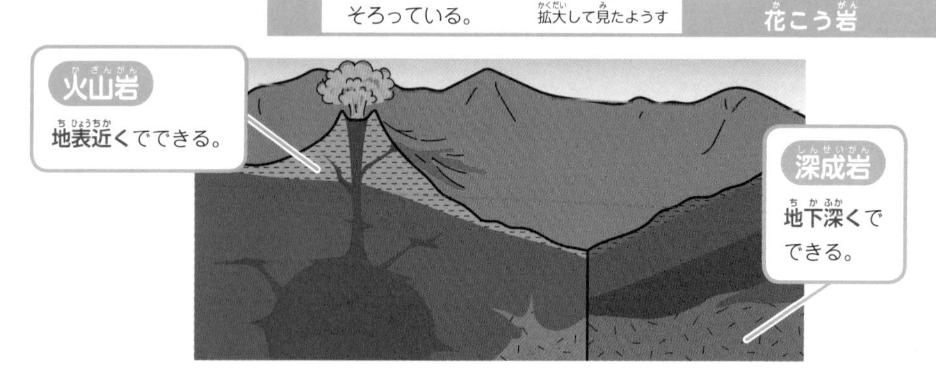

クイズ67の答え　約300年前。富士山は、記録にあるだけで17回ふん火している。

マグマのねばりけが弱いと、
よう岩がどんどん流れていくから
平たい形になるんだね！

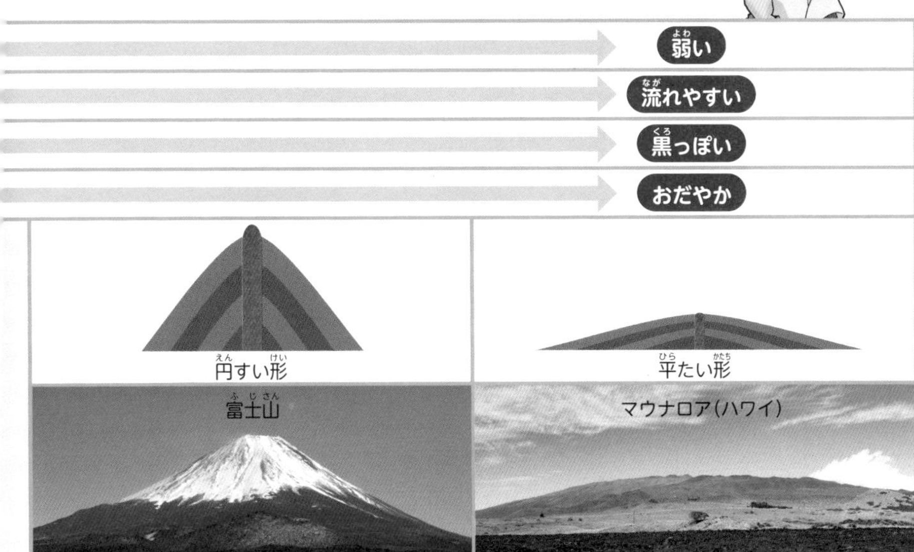

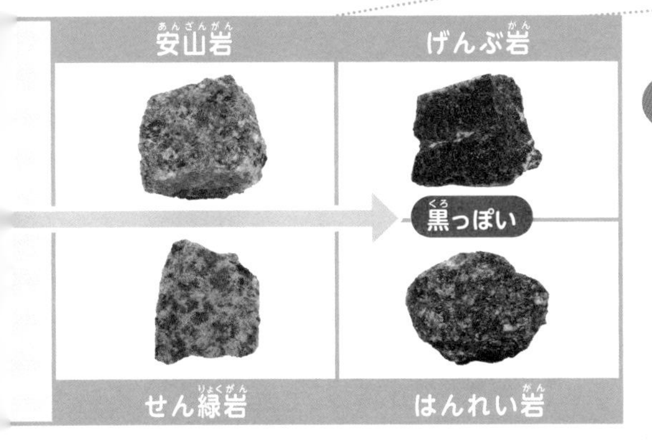

まめちしき

富士山の形のヒミツ

富士山は、「マグマのねばりけがちょうどいい」「まわりに他の山がない」「大きなふん火がくり返された」など、いくつもの条件が重なって、大きく、きれいな形の山になったんだ。

まとめ

- 火山がふん火すると、よう岩が流れ出たり、火山灰がふき出したりする。
- 火山の形はマグマのねばりけによって決まり、マグマのねばりけが強いとドーム状の形の火山になり、弱いと平たい形の火山になる。
- マグマが固まってできた岩石を火成岩といい、火成岩のうち、マグマが急激に冷えてできた岩石を火山岩、ゆっくり冷えてできた岩石を深成岩という。

クイズ68　よう岩の温度は何℃？

プレートと地震・火山

地球の表面をおおうプレートは、地震や火山のでき方と大きく関係しているよ。プレートの場所や動きなどを見ていこう。

プレート

地球の表面は、プレートとよばれる十数枚の岩石でできた板のようなものでおおわれています。プレートは、1年に数cmずつ、水平方向に動いています。

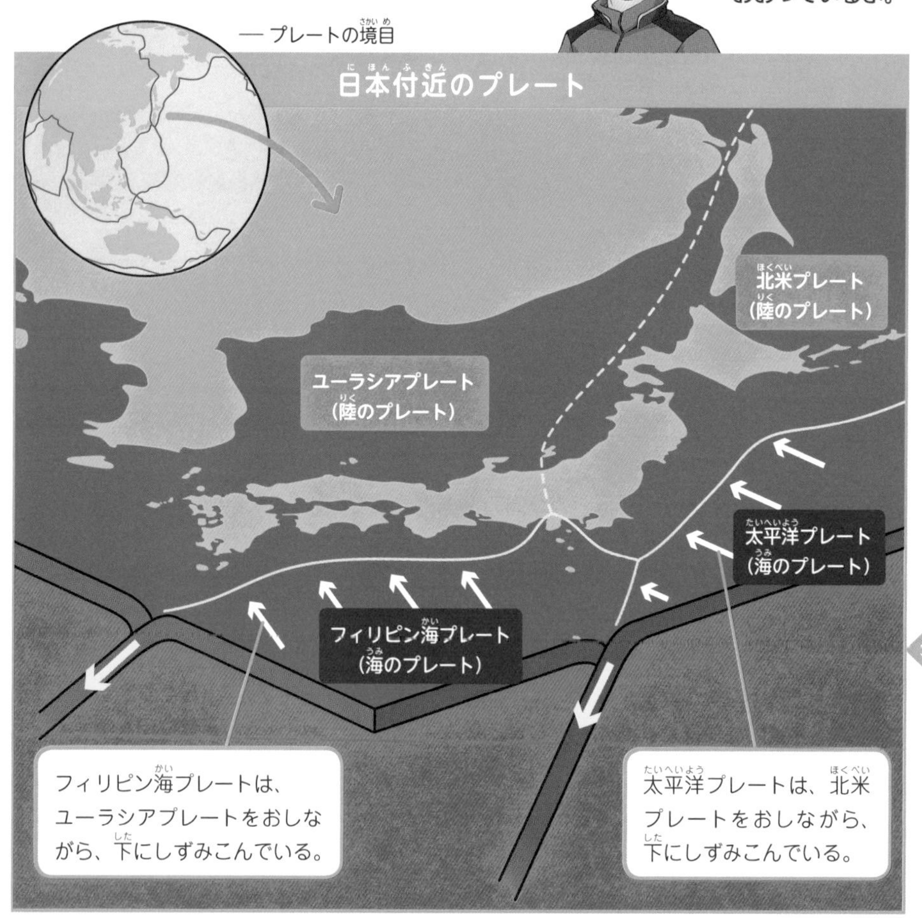

約900℃～1200℃。ねばりけの弱いよう岩ほど温度が高い。

プレートと地震

プレートの境目では、地震が発生しやすくなります。日本付近はプレートの境目が集まっているため、地震が多く発生します。

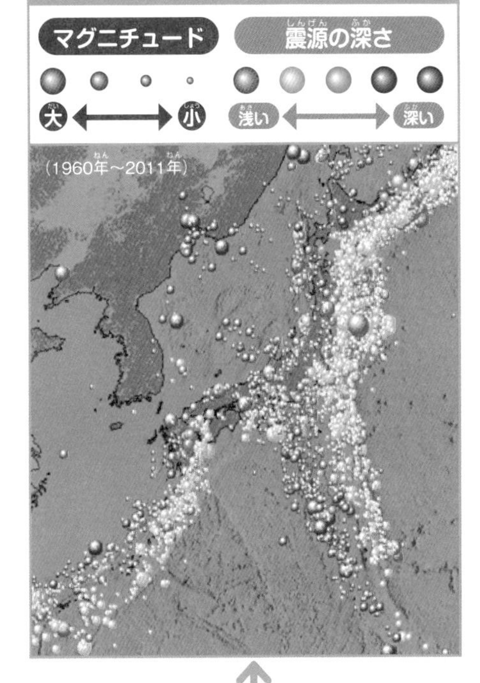

くらべてみると、プレートの境目で地震が多く発生していることがわかる。

世界で発生するマグニチュード6以上の地震の約20%は、日本付近で発生しているそうよ。

プレート

地震の原因

地震は、プレートの動きや断層のずれ、火山活動などによって発生します。

プレートの境目で起きる地震のしくみ

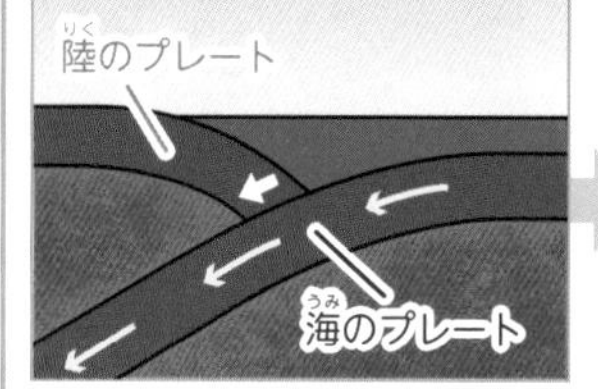

海のプレートが陸のプレートの下にしずみこむ。

陸のプレートがいっしょに引きこまれて、ひずみがたまる。

陸のプレートがはね返るように動くと、地震が起きる。

まめちしき

日本付近で発生した大地震

日本付近では、プレートの動きや断層のずれが原因となった大地震がくり返し起こっているよ。

断層のずれによる地震は震源が浅いので、マグニチュードが小さくてもゆれが大きくなりやすいんだ。

断層による地震

兵庫県南部地震（阪神淡路大震災）
日付：1995年1月17日
マグニチュード：7.3
震源の深さ：16km
最大震度：7

プレートによる地震

東北地方太平洋沖地震（東日本大震災）
日付：2011年3月11日
マグニチュード：9.0
震源の深さ：24km
最大震度：7

断層による地震

熊本地震
日付：2016年4月14日、16日
マグニチュード：6.5、7.3
震源の深さ：11km、12km
最大震度：7

クイズ69の答え　海底などにプレートが生まれる場所があるので、なくならない。

プレートと火山

プレートがしずみこむ場所では、プレートの一部がとけてマグマとなり、火山ができます。日本付近はプレートの境目が集まっているため、日本には多くの火山があります。

プレートの境目から一定のきょりに、火山が並んでいるね！

火山のでき方

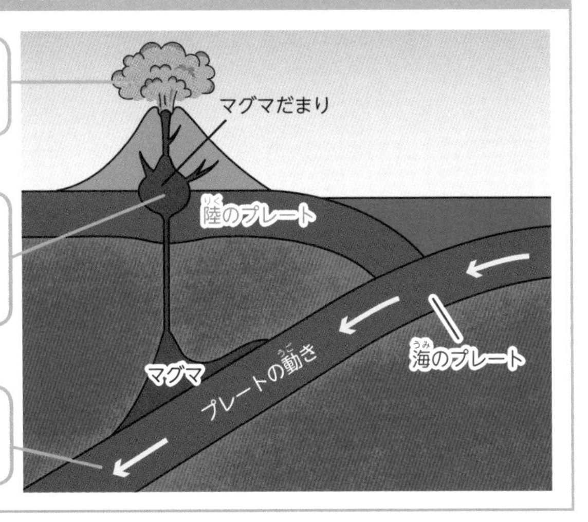

3 マグマが上がってくると、ふん火が起こり、火山ができる。

2 プレートを作る岩石の一部がとけて**マグマ**になり、マグマだまりができる。

1 海のプレートが陸のプレートの下にしずみこむ。

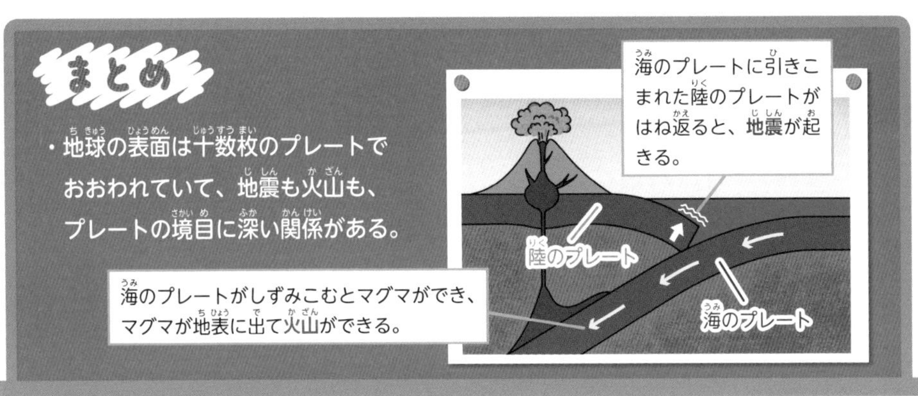

まとめ

・地球の表面は十数枚のプレートでおおわれていて、地震も火山も、プレートの境目に深い関係がある。

火山・地震と土地の変化

火山のふん火や地震などの災害は、土地に大きなえいきょうをあたえるよ。
どのような変化が起こるか、見ていこう。

火山のふん火・地震と災害・防災

火山のふん火や地震は、災害をもたらすことがあります。ふん火や地震によるひ害を少しでも減らすために、さまざまな取り組みが行われています。

火山のふん火

火山がふん火すると、火山灰が降ったり、よう岩が流れ出したりするなどの災害が起こることがあります。

火山灰をふき上げる桜島

火山灰にうもれた神社の鳥居

地震

大地震が来ると、建物がこわれたり、津波が来たりするなどの二次災害が起こることがあります。

東北地方太平洋沖地震（東日本大震災）による津波で陸に打ち上げられた船

兵庫県南部地震（阪神淡路大震災）でこわれた建物

クイズ70の答え　はば約200km、長さ約450km。

災害対策

自然の大きな力は止めることができないから、備えが大切なんだよ。

ふん火への備え

火山灰が降ったり、よう岩が流れ出る地いきを想定してハザードマップ※(防災地図)をつくったり、山に避難小屋をつくるなどの対策が取られています。

※ハザードマップについては 181 ページを見よう！

避難小屋

地震への備え

地震でこわれにくい建物をつくったり、津波が発生したときに避難することができる津波タワーを海岸につくったりしています。

津波タワー

火山のふん火と土地の変化

火山のふん火で流れ出たよう岩などによって、土地のようすが変化することがあります。

マグマの力でできた山

1943年～1945年、畑だった土地がふん火をくり返しながらもり上がりできた。

火口にできた湖（カルデラ湖）

ふん火によってできた火口のくぼみに水がたまってできた湖。

よう岩が流れ出してできた土地

1783年の浅間山のふん火で流れ出たよう岩によってできた土地。

よう岩が川をせき止めてできた湖（せき止め湖）

約２万年前に起きた男体山のふん火によって、川がせき止められてできた。

海底火山のふん火

2013年、海底火山がふん火して島ができ、流れ出したよう岩が横にある島をおおいながら大きくなった。

まめちしき

火山のめぐみ

火山は、ひ害をもたらすばかりではなく、温泉や、熱を利用した地熱発電などのめぐみももたらすよ。

クイズ71の答え　1日3Ｌ×3日分で、ひとり9Ｌ。

地震と土地の変化

地震によって大地が動くことで、土地のようすが変化することがあります。

断層

2016年の熊本地震でずれた土地。

山くずれ

2016年の熊本地震でくずれた山。

地割れ

2014年の長野県神城断層地震でひび割れた道路。

りゅう起（土地が持ち上がること）

1923年の関東地震(関東大震災)で海中にあった平らな土地が持ち上がった。

自然の力は大きいね。

りゅう起とは反対に、土地がしずむ(ちん降する)こともあるよ。

- 火山がふん火すると、流れ出したよう岩によって山や島ができたり、湖ができたりすることがある。
- 地震が起きると、土地がずれたり、持ち上がったり、山がくずれたりすることがある。

5章 おさらい問題

1 流れる水のはたらきについて、(　)に入ることばを書きましょう。

ア 運んできた土などを積もらせるはたらき……(　　　　)

イ 地面をけずるはたらき……………………(　　　　)

ウ 土や石などを運ぶはたらき………………(　　　　)

2 同じ川を流れる水のようすです。次の問題に答えましょう。

山の中(上流)

平地(下流)

(1)流れが速いのは㋐㋑のどちらでしょうか。(　　)

(2)A、Bの写真はどこの川岸の石か、それぞれの(　)に㋐㋑で書きましょう。

A

(　　)

B

(　　)

(3)たい積としん食のはたらきが大きいのは、それぞれ㋐㋑のどちらでしょうか。

たい積(　　　)　　しん食(　　　)

(4)大雨がふると、川はどうなりますか。正しいほうを○で囲みましょう。

・大雨がふると、川の水の量が(減り・増え)、しん食や運ぱんのはたらきが(大きく・小さく)なる。

3 地層や岩石について調べました。次の問題に答えましょう。

(1)地層について、正しいものには○、まちがっているものには×をつけましょう。

A(　　) しまもようは、おくのほうまで続いている。

B(　　) つぶの大きさは、層によってちがう。

C(　　) 層の厚さはどの層も同じである。

D(　　) 層によって色がちがう。

(2)地層で見られる岩石です。岩石の名前を書きましょう。

砂からできた岩石

れきや砂などからできた岩石

どろからできた岩石

A(　　　　　)　B(　　　　　)　C(　　　　　)

4 ア～エのできごとを、下の図の地層ができた順に並べかえましょう。

ア……海の底で、砂やれきの層がつくられた。

イ……火山がふん火して、火山灰が降り積もった。

ウ……貝の死がいが、どろにうもれた。

エ……海の底の地層がおし上げられて、陸地になった。

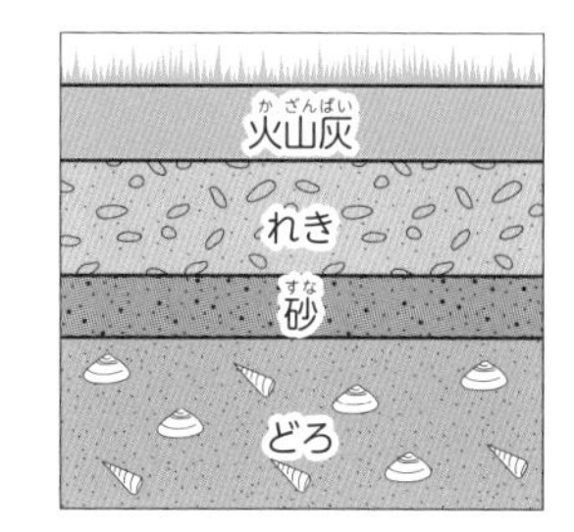

(　　)→(　　)→(　　)→エ

5 火山の活動について調べました。次の問題に答えましょう。

火山のはたらきでできた地層の特ちょうを書きましょう。

(　　　　　　　　　　　　　　　　　　)

答え ※裏返して確認しましょう。

1 ア…たい積　イ…しん食　ウ…運ぱん

2 (1)㋐　(2)A…㋑　B…㋐

(3)たい積…㋑　しん食…㋐　(4)増え、大きく

3 (1)A…○、B…○、C…×、D…○

(2)A…砂岩　B…れき岩　C…でい岩

4 ウ→ア→イ→(エ)

5 角ばったつぶからできている。

チャレンジ!

地層のたい積を観察しよう!

川で運ばれてきた土砂は、つぶの大きさに分かれてたい積するね。つぶが分かれてしずむようすを、ビーズと特別な水を使って再現してみよう。

容器の中の液体はトロッとしていて、つぶがゆっくりしずむようになっているよ。

材料

●ペットボトル

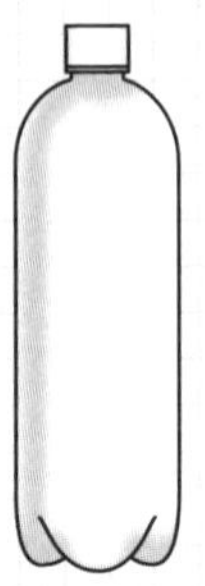

1.5L くらいのもの。高さのあるものがよい。

●洗たくのり

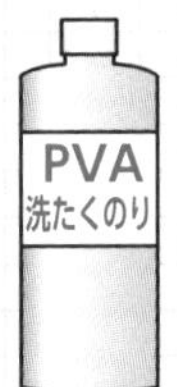

「ポリビニルアルコール」または、「PVA」と書かれているもの。

●アクリルでできたビーズ

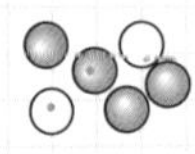

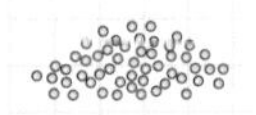

色と大きさがちがうものを2、3種類。容器の底にたまるくらいの量。

※ビーズの素材はふくろなどに書かれているよ。右の写真では、4㎜、8㎜、12㎜の3種類のビーズを使っているよ。

作り方

1. ビーズをペットボトルに入れる。

2. 洗たくのりと水を4：6の割合で混ぜた液をつくる。

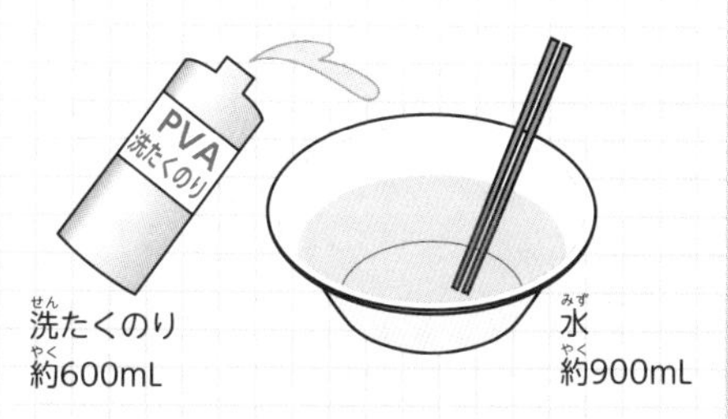

わりばしなどで、あわ立たないようにやさしくかき混ぜよう。

3. ペットボトルの口いっぱいまで液を入れて、ふたをしっかりしめる。

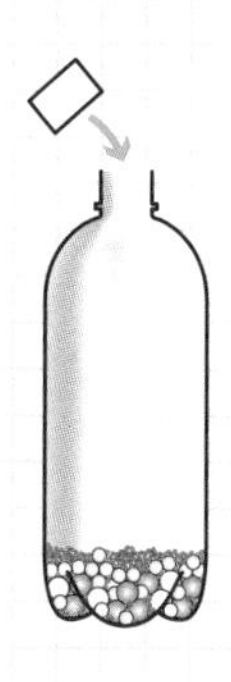

4. ペットボトルを逆さまにして1～2分待ち、ビーズがしずんだら、もとの向きにもどす。

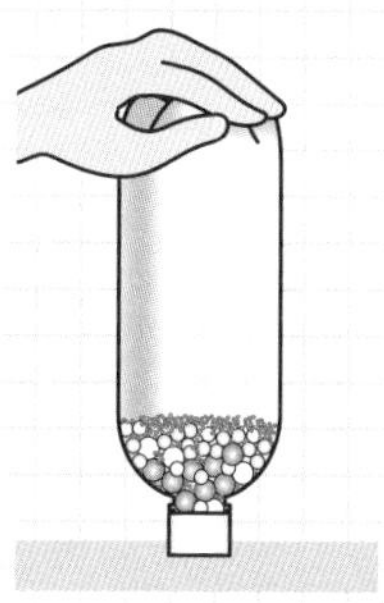

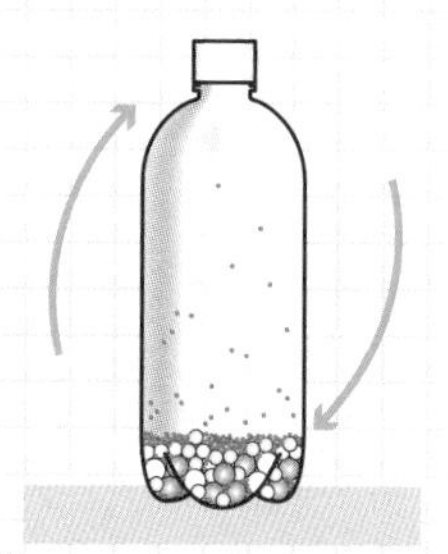

ペットボトルは素早くひっくり返そう。

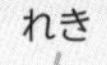

コラム

地球の中はどうなっているの？

地球は、中心へ向かうほど高温になり、中心は5000℃以上の高温になっていると考えられているよ。わたしたちがくらす地表は、表面で冷え固まった、うすい部分なんだ。

地球内部のつくり

地球の内部は、大きく４つの部分に分かれているよ。

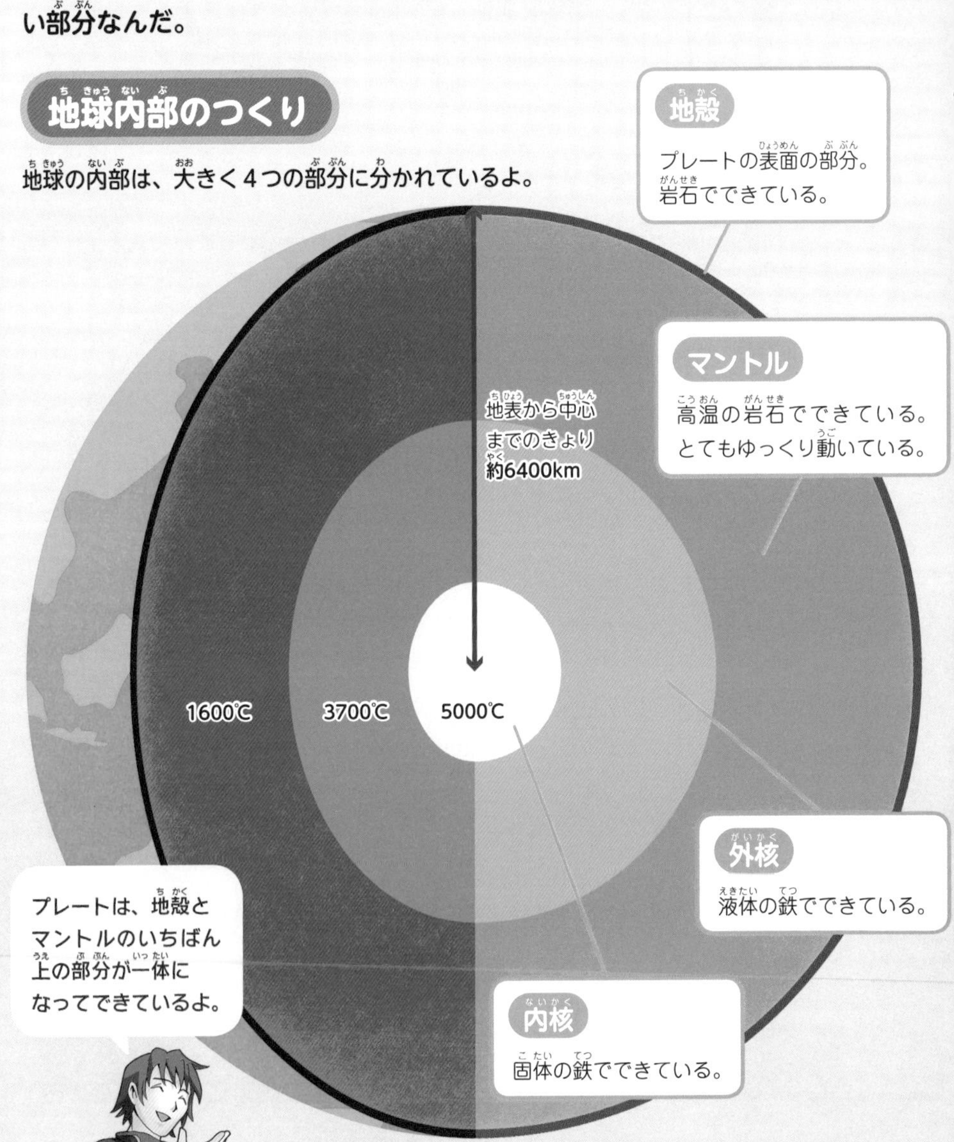

地球は大きな磁石

方位磁針のN極が北を指すのは、地球が大きな磁石のはたらきをしているからだよ。外核をつくる鉄が電磁石※のようになって、磁石のはたらきを生み出していると考えられているんだ。

※電磁石とは、電流を流すとコイルの中の鉄しんが磁石のはたらきをするしくみだよ。

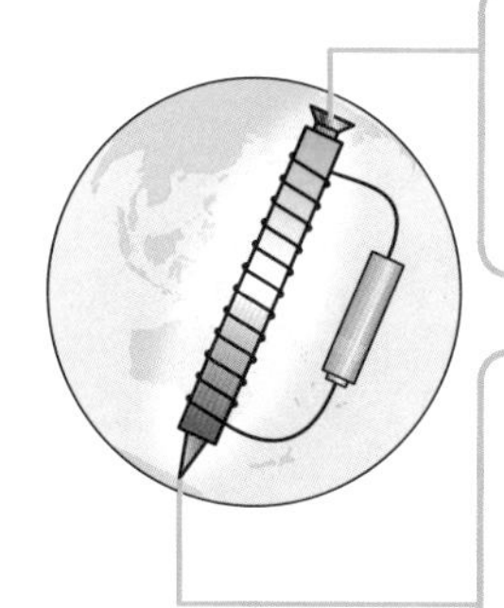

北極

磁石のN極を引きつけるので、S極！

南極

磁石のS極を引きつけるので、N極！

プレートがしずむ場所（海溝）

しずみこんだプレートは、高温になってとけて、マントルの中へ入っていくよ。プレートがしずみこんだところでは岩石がとけてマグマが発生し、火山のもとになるんだ。

海溝は海底が深く、海れいは海底が山になっているんだね。

プレートが生まれる場所（海れい）

マントルが地表近くまで上がってくることで発生したマグマによって、新しい地表がつくられるよ。プレートが生まれる場所の多くは海底にあるんだ。

海溝

海れい

ホットスポット

プレートの下から、つねにマグマが上がってくる場所。火山の島ができるよ。

プレートの動き

海底などで生まれたプレートは、1年間に数cmずつ動いているよ。プレートは、大陸や島をのせて動くから、長い年月の間に、大陸や島の位置や形は変化するんだ。

ハワイ諸島は、日本に毎年約8cmずつ近づいている！

日本

8000万年後には、日本にぶつかるかも!?

ハワイ諸島

み…
見つけた…!!
!!
どうしたの
環ちゃん？
お！
もう雨
あがったな
虹だよ
大きいっ!!

ザアアア

すごい
キレイな色…!!
私…
町で育ったから
大きな虹なんて
見たことなくて…
太陽の光は
本当はたくさんの
色がまざって
いるんだよ
虹はね、太陽の光が
空気中の水のつぶに
あたって七色に
わかれて
できるんだ
この太陽の光が
本当は七色なんて…
さっすがヒロトさんっ
何でも知ってる
でしょ!!
…
自然って
すごいね
太陽も星も
地球も!!

そうだね　その不思議やナゾを解いていけば――
ぼくらの未来は大きく発展するかもしれないね…!!
ぼくも自然が大好きになりました!!
ありがとうおじさん
また遊びにおいで
ぎゃあああ
ちょうちょがーっ
もーっ
虫も自然でしょーっ

身近な疑問から逆引きさくいん

知りたい内容のページを開いてみよう！

太陽系について　身近な疑問

太陽と地球について　身近な疑問

星について　身近な疑問

星について　身近な疑問

天気について　身近な疑問

大地のつくりについて　身近な疑問

さくいん

さ行

た行

な行

は行

ま行

や行

ら行

わ行

監修者

小川眞士(おがわまさし)

理科の教室「小川理科研究所」主宰。森上教育研究所客員研究員。東京練馬区立の中学校で理科の教鞭を執ったあと、四谷大塚進学教室理科講師を勤めた。開成特別コース・桜蔭特別コースを受け持ち、28人全員が開成中学に合格した伝説のクラスの理科とクラス主任を担当。四谷大塚副室長、理科教務主任を勤めた。『基礎からしっかりわかる カンペキ！小学理科』(技術評論社)、『これだけ！理科』(森上教育研究所スキル研究会)、『中学受験 理科のグラフ完全制覇』(ダイヤモンド社)ほか著書多数。

文・構成

水上郁子

マンガ・キャラクター

七式工房

本文イラスト

水上郁子　イケウチリリー

4コママンガ

イケウチリリー　鳥居志帆　二尋鴇彦　コルシカ　オオノマサフミ

スタッフ

本文デザイン／株式会社クラップス(神田真里菜・大澤洋二)　校正／株式会社文字工房燦光　編集協力／みっとめるへん社
編集担当／小髙真梨(ナツメ出版企画株式会社)

■写真提供
NASA、JAXA、国立天文台、海上保安庁、気象庁、気象衛星センター、日本気象協会 tenki.jp、江戸川区、
水上郁子、スタディスタイル★自然学習館、PIXTA、写真 AC、Photolibrary、ぱくたそ

本書に関するお問い合わせは、書名・発行日・該当ページを明記の上、下記のいずれかの方法にてお送りください。電話でのお問い合わせはお受けしておりません。
・ナツメ社 web サイトの問い合わせフォーム
https://www.natsume.co.jp/contact
・FAX(03-3291-1305)
・郵送(下記、ナツメ出版企画株式会社宛て)
なお、回答までに日にちをいただく場合があります。正誤のお問い合わせ以外の書籍内容に関する解説・個別の相談は行っておりません。あらかじめご了承ください。

オールカラー 楽しくわかる！ 地球と天体

2020年 3 月 6 日　初版発行
2024年 2 月20日　第 5 刷発行

監修者　小川眞士
発行者　田村正隆

発行所　株式会社ナツメ社
東京都千代田区神田神保町1-52　ナツメ社ビル 1 F(〒101-0051)
電話 03(3291)1257(代表) FAX 03(3291)5761
振替 00130-1-58661

制　作　ナツメ出版企画株式会社
東京都千代田区神田神保町1-52　ナツメ社ビル 3 F(〒101-0051)
電話 03(3295)3921(代表)

印刷所　広研印刷株式会社

ISBN978-4-8163-6788-5
Printed in Japan
〈定価はカバーに表示してあります〉〈落丁・乱丁本はお取り替えいたします〉